图解畜禽标准化规模养殖系列丛书

肉鸡标准化规模养殖图册

张克英　主编

中国农业出版社
北　京

图书在版编目（CIP）数据

肉鸡标准化规模养殖图册 / 张克英主编. —北京：中国农业出版社，2019.5
（图解畜禽标准化规模养殖系列丛书）
ISBN 978-7-109-25207-3

Ⅰ. ①肉…　Ⅱ. ①张…　Ⅲ. ①肉用鸡 – 饲养管理 – 图解　Ⅳ. ①S831.4-64

中国版本图书馆CIP数据核字（2019）第017672号

中国农业出版社出版
（北京市朝阳区麦子店街18号楼）
（邮政编码 100125）
责任编辑　颜景辰　肖　邦

中农印务有限公司印刷　　新华书店北京发行所发行
2019年5月第1版　　2019年5月北京第1次印刷

开本：880mm × 1230mm　1/32　　印张：4.25
字数：150千字
定价：28.00元

丛书编委会

本书编委会

主　　编　张克英

副 主 编　朱　庆

编写人员　（按姓氏笔画排序）

丁雪梅　王　彦　尹华东　白世平

朱　庆　杜晓惠　张克英　郑　萍

赵小玲　彭　西　曾秋凤

总　　序

我国畜牧业近几十年得到了长足的发展和取得了突出的成就，为国民经济建设和人民生活水平提高发挥了重要的支撑作用。目前，我国畜牧业正处于由传统畜牧业向现代畜牧业转型的关键时期，畜牧生产方式必然发生根本的变革。在新的发展形势下，尚存在一些影响发展的制约因素，主要表现在畜禽规模化程度不高，标准化生产体系不健全，疫病防治制度不规范，安全生产和环境控制的压力加大。主要原因在于现代科学技术的推广应用还不够广泛和深入，从业者的科技意识和技术水平尚待提高，这就需要科技工作者为广大养殖企业和农户提供更加浅显易懂、便于推广使用的科普读物。

《图解畜禽标准化规模养殖系列丛书》的编写出版，正是适应我国现代畜牧业发展和广大养殖户的需要，针对畜禽生产中存在的问题，对猪、蛋鸡、肉鸡、奶牛、肉牛、山羊、绵羊、兔、鸭、鹅10种畜禽的标准化生产，以图文并茂的方式介绍了标准化规模养殖全过程、产品加工、经营管理的关键技术环节和要点。丛书内容十分丰富，包括畜禽养殖场选址与设计、畜禽品种与繁殖技术、饲料与日粮配制、饲养管理、环境卫生与控制、常见疾病诊治与防疫、畜禽屠宰与产品加工、畜禽养殖场经营管理等内容。

本套丛书具有鲜明的特点：一是顺应现代畜牧业发展要求，引领产业发展。本套丛书以标准化和规模化为着力点，对促进我国畜牧业生产方式的转变，加快构建现代产业体系，推动产业转型升级，深入推进畜牧业标准化、规模化、产业化发展具有重要意义。二是组织了实力雄厚的创作队伍，创作团队由国内知名专家学者组成，其中主要包括大专院校和科研院所的专家、教授，国家现代农业产业技术体系的岗位科学家和骨干成员、养殖企业的技术骨干，他们长期在教学和畜禽生产一线工作，具有扎实的专业理论知识和实践经验。三是立意新颖，用图解的方式完整解析畜禽生产全产业链的关键技术，突出标准化和规模化特色，从专业、规范、标准化的角度介绍国内外的畜禽养殖最新实用技术成果和标准化生产技术规程。四是写作手法创新，突出原创，通过作者自己原创的照片、线条图、卡通图等多种形式，辅助以诙谐幽默的大众化语言来讲述畜禽标准化规模养殖和产品加工过程中的关键技术环节和要求，以及经营理念。文中收录的图片和插图生动、直观、科学、准确，文字简练、易懂、富有趣味性，具有一看就懂、一学即会的实用特点。适合养殖场及相关技术人员培训、学习和参考。

本套丛书的出版发行，必将对加快我国畜禽生产的规模化和标准化进程起到重要的助推作用，对现代畜牧业的持续、健康发展产生重要的影响。

中国工程院院士
华中农业大学教授 陈焕春

编 者 的 话

针对现阶段我国畜禽养殖存在的突出问题，以传播现代标准化养殖知识和规模化经营理念为宗旨，四川农业大学牵头组织200余人共同创作《图解畜禽标准化规模养殖系列丛书》，包括猪、奶牛、肉牛、蛋鸡、肉鸡、鸭、鹅、山羊、绵羊和兔10本图册，于2013年1月由中国农业出版社出版发行。丛书将“畜禽良种化、养殖设施化、生产规范化、防疫制度化、粪污处理无害化”的内涵贯穿于全过程，充分考虑受众的阅读习惯和理解能力，采用通俗易懂、幽默诙谐的图文搭配，生动形象地解析畜禽标准化生产全产业链关键技术，实用性和可操作性强，深受企业和养殖户喜爱。丛书发行覆盖了全国31个省、自治区、直辖市，发行10万余册，并入选全国“养殖书屋”用书，对行业发展产生了积极的影响。

为了进一步扩大丛书的推广面，在保持原图册内容和风格基础上，我们重新编印出版简装本，内容更加简明扼要，易于学习和掌握应用知识，并降低了印刷成本。同时，利用现代融媒体手段，将大量图片和视频资料通过二维码链接，用手机扫描观看，极大方便了读者阅读。相信简装本的出版发行，将进一步普及畜禽科学养殖知识，提升畜禽标准化养殖和畜产品质量安全水平、助推脱贫攻坚和乡村振兴战略实施。

目　录

1 第一章　肉鸡场的规划与建设

第一节　肉鸡场的选址与布局

一、选址原则

肉鸡场场址应远离大城市、居民点、其他家禽场，附近无噪声和化学污染的工厂；交通方便，但远离铁路、交通要道、车辆来往频繁的地方；地势高燥，排水良好，背风向阳，且水源充足，水质良好，利于卫生防疫和环境保护。

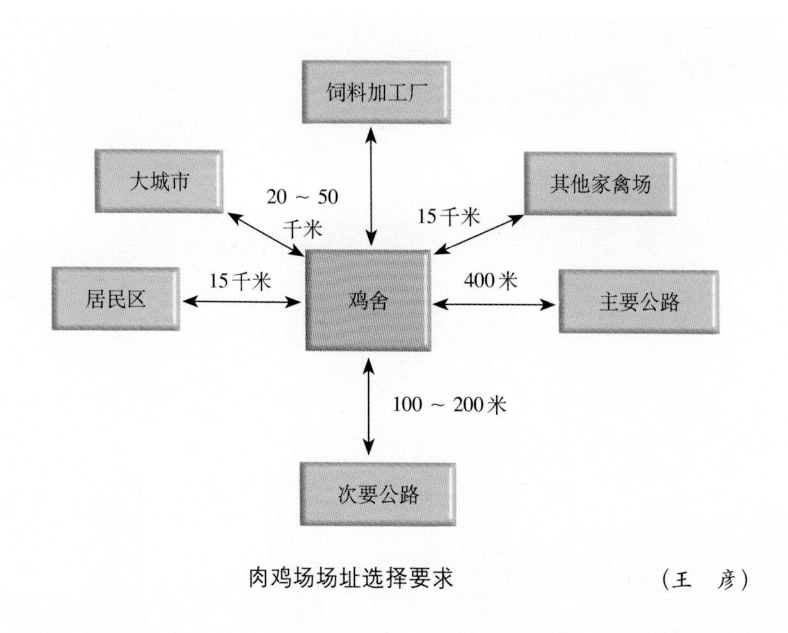

肉鸡场场址选择要求　　（王　彦）

二、肉鸡场的布局

肉鸡场分为生产区、管理区和隔离区三个主要区域。生产区处于上风处，隔离区设在生产区下风处，与生产区保持一定距离。

肉鸡场的总体布局 （朱 庆）

● **生产区** 包括孵化室、鸡舍等生产性建筑。

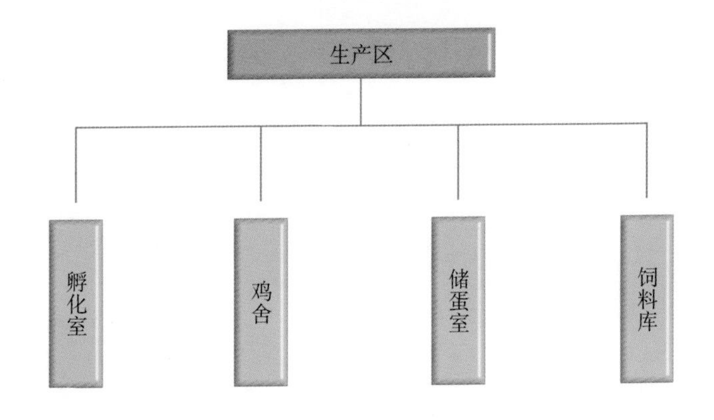

鸡舍保持一定间距，以绿化带来隔离。

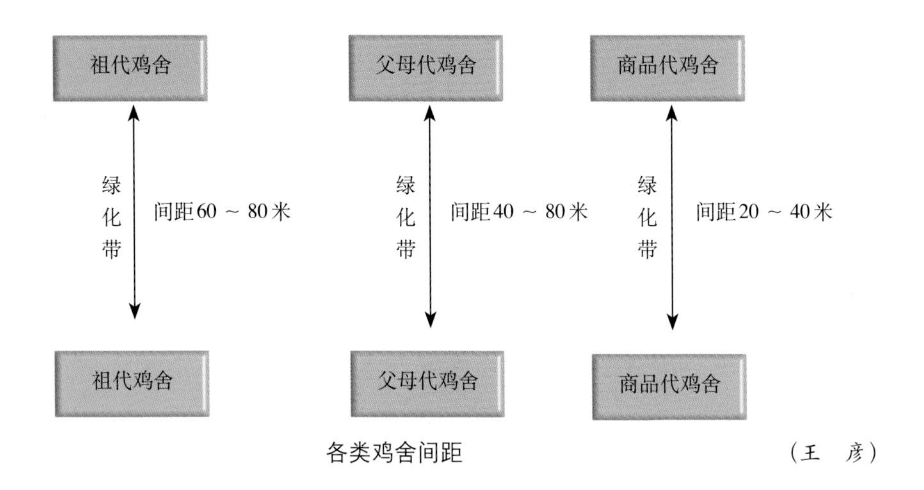

各类鸡舍间距　　（王　彦）

● 管理区

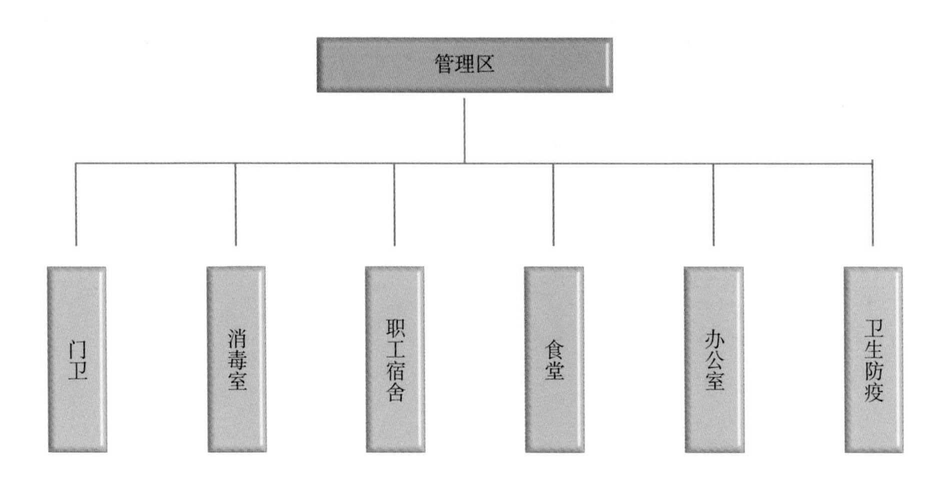

● 隔离区　主要包括兽医室、病鸡隔离室和粪污处理设施。

第二节 肉鸡舍的建设

一、肉鸡舍的类型

● 地面平养鸡舍

地面平养鸡舍　　　　（朱　庆）

● 网上平养鸡舍　在距地面50 ~ 70厘米处架设铁网、塑料网、竹板网或木条网等，鸡群饲养在网上。

网上饲养，减少与粪便接触，就会干净卫生和少生病

网上平养鸡舍
（张克英　朱　庆）

● **笼养鸡舍** 饲养密度大，鸡与粪便接触少。

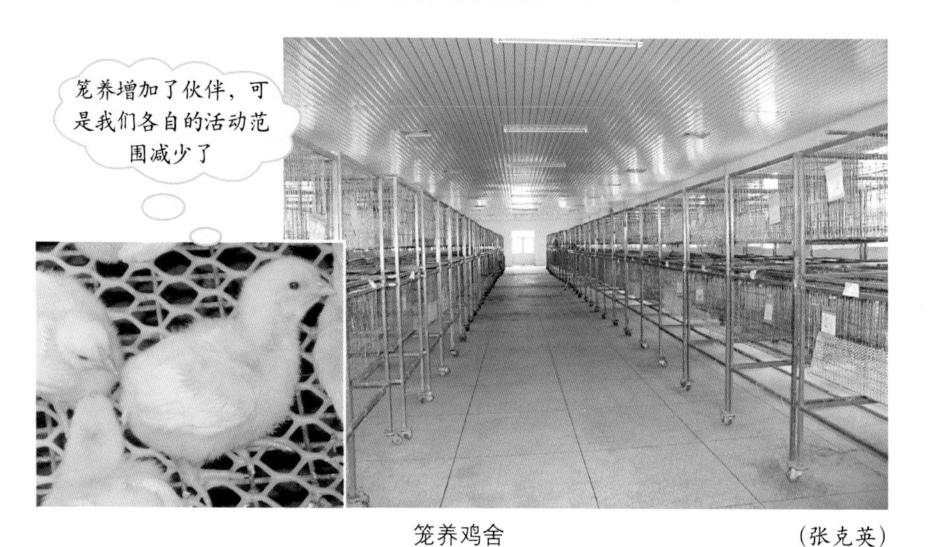

笼养增加了伙伴，可
是我们各自的活动范
围减少了

笼养鸡舍 （张克英）

二、肉鸡舍的修建要求

● **鸡舍框架结构** 可以是钢砼结构、砖木结构和大棚结构等。

● **地面和垫料** 鸡舍地面致密、坚实、平整，便于清除粪便和垫料，易于冲洗消毒，不积水。

（张克英）

肉鸡平养，地面必须铺垫料，可选用刨花、木屑、稻草、谷壳等。

（张克英）（张克英）

● 墙壁和窗户

➢ 密闭鸡舍　鸡舍四壁封闭，墙壁可以是砖墙、钢塑板或卷帘遮蔽，墙壁无采光和通风窗。舍内的通风、光照、温度等环境完全依靠人工或自动控制。

密闭肉鸡舍（张克英）

舍内环境可控制哦，不受外界影响，就是建设投资太大，对电依赖性强

密闭鸡舍　（朱　庆）

➢ 半开放鸡舍　墙壁为砖墙，侧壁有窗户，可利用自然光照和通风，关闭窗户后也可进行机械通风，是我国目前应用最多的一种鸡舍。

半开放鸡舍　（朱　庆）

➢ 开放鸡舍　鸡舍四周无墙，或仅有半高墙，或仅南侧无墙，或仅北侧有墙；属于一种简易鸡舍，建筑造价低；墙壁可安装塑料卷帘或遮阳网，根据需要调整卷帘高度即可成为全开放或半开放鸡舍，以调整鸡舍通风和光照；适于南方高温地区应用。

开放式鸡舍

（朱　庆）

使用卷帘的全开放式鸡舍

（张克英）

● 通风　可利用窗户自然通风、风扇通风或负压通风。

（张克英）

（张克英）

● 温度控制

➢ 加温设备　可使用红外灯、煤气保温伞、热风炉等。

红外灯加热，
适于小范围、
局部加温

（张克英）

煤气保温
伞加热效
率高，成
本低

（张克英）

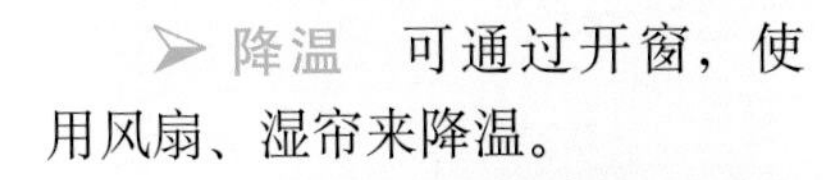

➢ **降温**　可通过开窗，使用风扇、湿帘来降温。

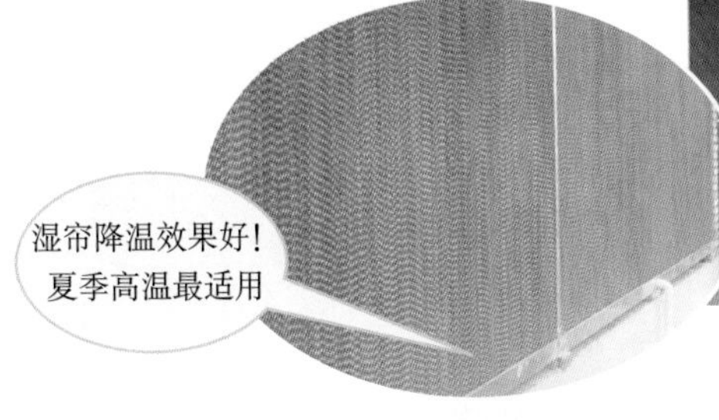
湿帘降温效果好！
夏季高温最适用

（张克英）

专用孔砖也是湿
帘降温的材料

料桶或料槽

笼养料槽

（张克英）

料桶

（张克英）

可调高度的料桶
第1天可辅助使用开食盘；使用时，盘面朝上

（张克英）

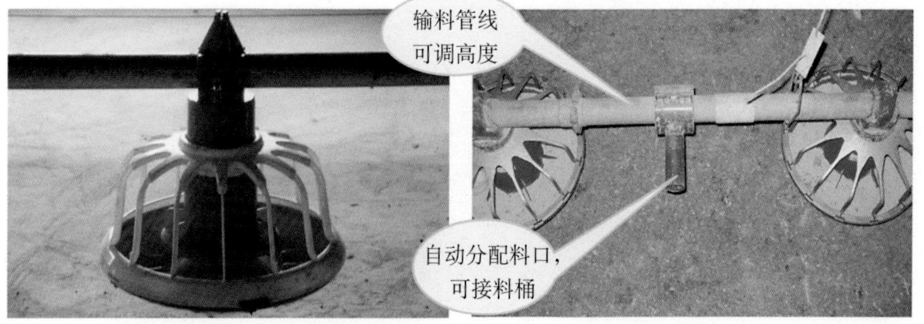
输料管线可调高度
自动分配料口，可接料桶

自动输料的料桶，常用于平养舍 （张克英）

料槽，常用于平养
舍，不可调高度

自动输料的料槽，常用于平养舍　（张克英）

饮水装置

自动输水管线
及乳头饮水器

（张克英）

塔式饮水器

（张克英）

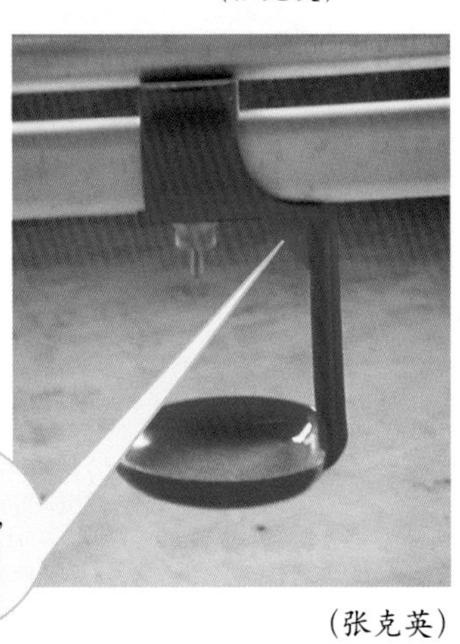
带托盘的
自动饮水器，
可减少水滴
到垫料上

（张克英）

● 控制装置 可自动控制光照、温度、通风等。有的还可以监测鸡的饮水量。

（尹华东）

第三节 种鸡舍的建设

一、种鸡舍的类型

● 育雏舍 用于0～5周雏鸡。通常采用笼养育雏。

育 雏 舍 （朱 庆）

育 雏 舍 （张克英）

● 育成鸡舍　饲养育成鸡。也可使用育雏舍或种鸡舍进行育种。

育成鸡舍　（朱　庆）

● 产蛋种鸡舍　可以笼养，也可以平养。

产蛋种鸡舍　（朱　庆）

产蛋箱
部分抬高的漏缝床面，增加鸡活动量，防止腿软

平养种鸡舍　（张克英）

二、种鸡舍的修建要求

基本要求同肉鸡舍。

▲ 注意

➢ 平养种鸡舍设置产蛋箱，并在产蛋箱内铺上柔软的垫子，减少种蛋破损。

（张克英）

产蛋箱内垫子，减
少种蛋破损，且易
于清洗、消毒

（张克英）

➢ **种公鸡的采食器应与母鸡不同** 母鸡饲料含钙高，应防止种公鸡采食母鸡饲料，可利用公鸡身较高、头较大等特点进行控制。

（张克英）

➢ **种蛋收集** 种蛋可以人工收集，也可用传送带自动输送。及时用干布或自动软擦擦去鸡蛋表面的鸡粪等，放在蛋托上，置于鸡蛋储藏室保存好。

种蛋自动传送带　（张克英）

用软擦把鸡蛋表面的鸡粪去掉

（张克英）

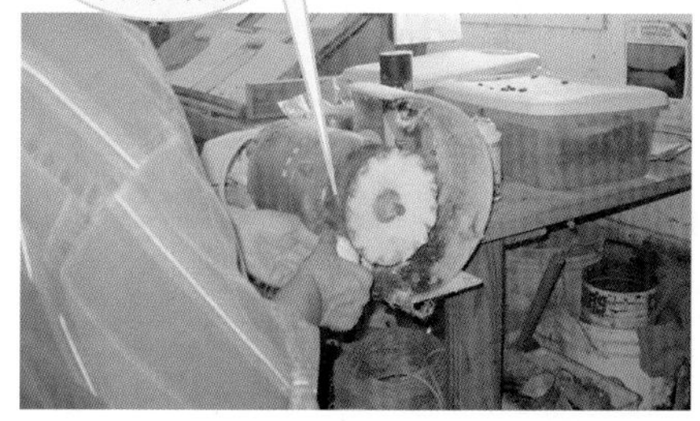

（张克英）

种蛋架托

（张克英）

第四节　配套设施

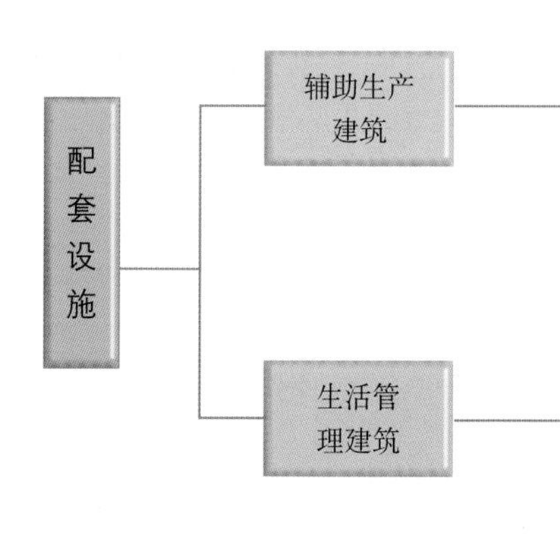

- 配套设施
  - 辅助生产建筑：淋浴、更衣消毒室，化验室，兽药、疫苗储藏室，饲料加工与储藏间，变配电室，水泵房，锅炉房，仓库，维修间，无害化处理设施，粪污处理设施等
  - 生活管理建筑：办公室、生活用房、盥洗室、门卫值班室、围墙大门等

● **更衣室和消毒室**

➢ **更衣室** 男、女分设更衣室。

➢ **消毒室** 通过更衣室进入消毒室。消毒室是通向生产区的最后一道关口，离生产区最近，一般设在进生产区的大门口旁边。消毒室应安装紫外线灯或其他消毒设备。

喷雾消毒室 （朱 庆）

紫外消毒室 （朱 庆）

● **兽医诊断室** 兽医诊断室主要用于对一些常见病、多发病及时做出正确判断，尽快采取有效措施，迅速控制疾病，减少死亡造成的损失。修建时，墙面最好安装瓷砖。便于清洗和消毒。

兽医诊断室 （朱 庆）

● **饲料加工和贮藏间** 鸡场自供料需修建饲料加工房，根据饲料加工量配置粉碎机、混合机等饲料加工设备。

饲料贮藏间可在饲料加工场内，也可在鸡舍旁边。保证通风、干燥，贮藏时间短。

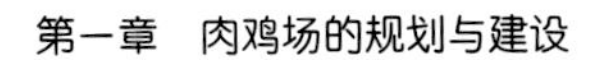

饲料加工间
（朱　庆）

饲料贮藏间　（朱　庆）

● 粪污处理设施

污水处理站　（朱　庆）

粪便处理池　（朱　庆）

● **仓库、维修间**　仓库、维修间以经济实用为主，主要放置饲料桶、饮水器、垫料、取暖设备、网养设备等。

维 修 间　（白世平）

仓　库　（白世平）

● **水泵房**

按照饲料与水的比例为1 ∶ 2修建，如育成后期肉鸡每天耗料200克/只，每天需水按400克/只计；同时考虑生活用水及夏季水消耗量大的因素，水塔或水箱要保证一定高度（压力）。

● **锅炉房** 热水用于鸡舍保温或鸡场工人洗浴。

● **变配电室** 根据饲养规模，雏鸡饲养光照按4～5瓦/米^{2}计。另外，考虑辅助设施（通风、降温等）用电、办公用电等，变配电室的负荷至少20千瓦，还应配备发电机，以防止突然断电。

● **生活管理建筑** 生活管理建筑包括办公室、生活用房（包括宿舍、食堂等）、门卫值班室、场区厕所、围墙等，以安全、方便、实用为原则。

2 第二章　肉鸡的品种与繁殖技术

第一节　肉鸡的品种

一、快大型

快大型肉鸡主要指从国外引进的肉鸡品种，如艾维茵（Avian）、科宝（Cobb）、爱拔益加（Arbor Acres，简称AA）和海布罗（Hybro）肉鸡，一般饲养35 ～ 42日龄体重达2千克以上，羽毛多为白色。

科　宝　　（朱　庆）

二、优质型

优质型肉鸡主要指国内的地方鸡种，如黄羽肉鸡、青脚麻鸡、乌骨鸡等，羽毛色泽黄色、麻羽或黑色，脚胫黄色或乌色（青脚）。生长期长，一般为42 ~ 150天，上市体重1.25 ~ 3.0千克。不同类型鸡的生长速度差异很大。

黄羽肉鸡类型及生长速度

指　标	快速型	中速型	慢速型
出栏时间（天）	42 ~ 63	64 ~ 91	>92
体重（千克）	1.25 ~ 1.5	1.25 ~ 1.5	>1.25
料肉比	1.8 ~ 2.6	2.5 ~ 3.2	>3.2

黄羽肉鸡

青脚麻黄鸡　（张克英）　　万源黑鸡　（张克英）

第二节 肉种鸡的选择

一、种鸡的选择目标

肉种鸡主要根据外貌选择，同时参考各种生产性能、系谱记载资料，并进行疾病净化等。

▲ **选择目标** 符合品种特征，体重、体形达标，体质强健。

二、选择时间及要求

● **雏鸡选择**

➢ 母雏：留下绝大多数，只淘汰体形过小、瘦弱或畸形的个体。

➢ 公雏：只选留符合品种特征的部分健雏，弱雏全部淘汰。数量为母雏的17%～20%。

⬆ 健雏

- 活泼好动、两脚稳定站立
- 眼睛有神、大小整齐
- 腹部不大，脐孔愈合良好
- 手感温暖，挣扎有力
- 叫声响亮而清脆
- 无畸形

⬇ 弱雏

- 无活力、站立不稳
- 腹大，脐孔不清洁
- 手感较凉，绵软无力
- 叫声嘶哑微弱或鸣叫不止
- 有畸形

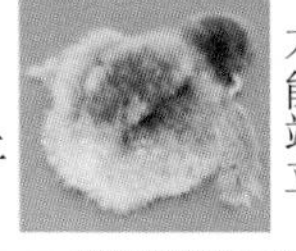

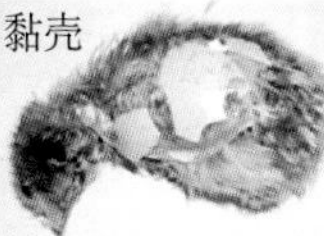

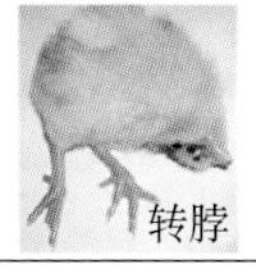

健雏和弱雏的判别 （杜晓惠）

● **6～7周龄选择** 此为关键时间，可根据体重和公、母雏的外貌选择。

选择的重点在公雏，将体重符合标准、胸部饱满、肌肉发育良好和腿粗壮结实的公雏留下来，数量为母雏的12%～13%。

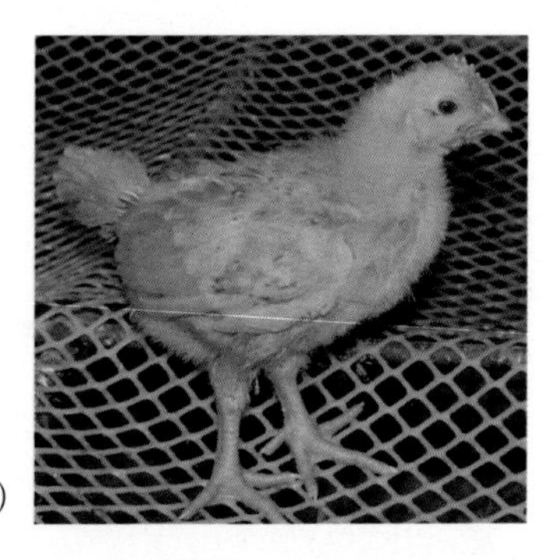

（杜晓惠）

● **开产前的选择** 转入种鸡舍，即开产前进行第三次选择。这次淘汰数很少，只淘汰那些明显不合格，如发育差、畸形和断喙过短的鸡。公鸡按母鸡选留数的11%～12%留种（若采用人工授精，可按4%～5%选留）。

➤ **种公鸡的选留**：种公鸡外观发育良好、体质健壮、肌肉结实、前胸宽阔、眼睛明亮有神，灵活敏捷，叫声清亮；腿脚粗壮，脚垫结实、富有弹性；羽毛丰满有光泽，鸡冠和肉髯发育良好，颜色鲜红。

➤ **种母鸡的选留**

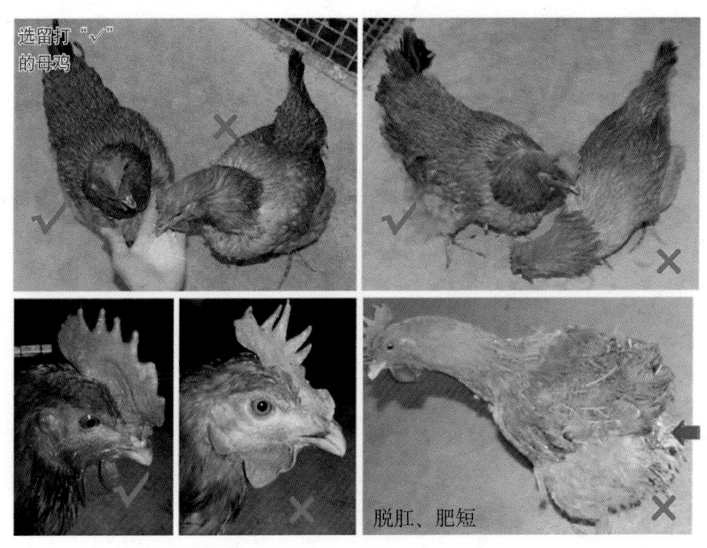

鸡冠大小与颜色

种母鸡的选择 （杜晓惠）

种鸡选择具体要求

项　目	选　留	淘　汰
冠与肉髯	发育良好，呈鲜红，触摸感细致、温暖	发育不良，呈灰白色，触摸感粗糙与冷凉
头部	头顶宽，呈方形	粗大或狭窄
喙	粗短，微弯曲	长而窄直
胸部	宽、深、向前突出。胸骨长而直	窄浅，胸骨短而弯曲
背部	宽、直	短、窄或呈弓形
腹部	柔软，皮肤细致，有弹性，无腹脂硬块	皮肤粗糙，弹力差，过肥的鸡有腹脂硬块
胸骨末端与耻骨间距离	在4指以上	在3指以下
耻骨	相距3指以上，薄而有弹性	相距2指以下，较厚，弹力差
肛门	松弛、湿润	较松弛
脚和趾	胫坚实，鳞片紧贴，两脚间距宽，趾平直	两脚间距小，趾过细或弯曲

（杜晓惠）

第三节　自然交配

鸡的配种方法有两种，即自然交配和人工授精。

自然交配的优点是省事省力，缺点是公、母比例小，饲养公鸡多，种蛋受精率低。

人工授精是先进、高效的繁殖技术，与肉种鸡专用笼养配套技术相结合，大大提高肉种鸡的受精率，减少肉公鸡饲养量和节约成本。

一、交配方式

有条件进行人工授精的种鸡场，一般都不再采用小群交配和个体控制配种。

自然交配方式

大群随机交配 | 小群交配 | 个体控制配种

受精率高，方便，生产上多用
混群时间：21周或22周的晚上
每100只母鸡配7 ～ 10只公鸡

1只公鸡＋10只左右母鸡组成一个交配群体
适用于育种，受精率较低
需要留种前2周组群

公、母鸡分开饲养，配种时放在一起交配，然后将公鸡放回
只用于育种

蛋重在54克以上后，开始留种

（杜晓惠　赵小玲）

二、自然配种要点

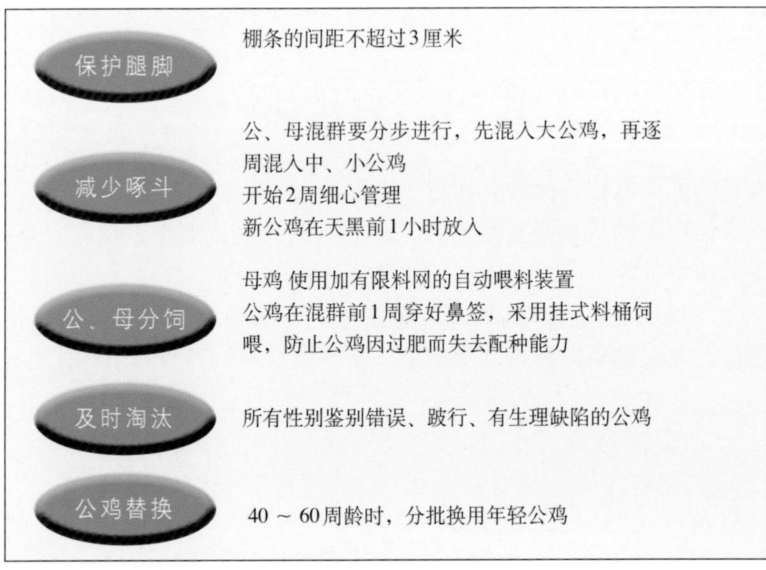

保护腿脚
棚条的间距不超过3厘米
减少啄斗
公、母混群要分步进行，先混入大公鸡，再逐周混入中、小公鸡
开始2周细心管理
新公鸡在天黑前1小时放入
公、母分饲
母鸡 使用加有限料网的自动喂料装置
公鸡在混群前1周穿好鼻签，采用挂式料桶饲喂，防止公鸡因过肥而失去配种能力
及时淘汰
所有性别鉴别错误、跛行、有生理缺陷的公鸡
公鸡替换
40 ～ 60周龄时，分批换用年轻公鸡

（杜晓惠）

第四节　人工授精

人工授精技术是鸡繁殖技术的重大进步。第一，采用人工授精避免了种公鸡对种母鸡的好恶选择；第二，通过精液品质鉴定，可淘汰性机能差的公鸡，增加优秀公鸡的后代；第三，可大大减少种公鸡的饲养量，将公母比例从1∶10提高到1∶30左右，提高了效率和效益。

人工授精技术流程：采精→检测→输精。

一、采精前的准备

一般提前1周对种公鸡进行采精训练。训练3次后，将体重轻、采不出精液、精液稀薄、经常有排粪反射及排稀便的公鸡及时淘汰。经过4～5天训练，大多数公鸡可满足采精需要。

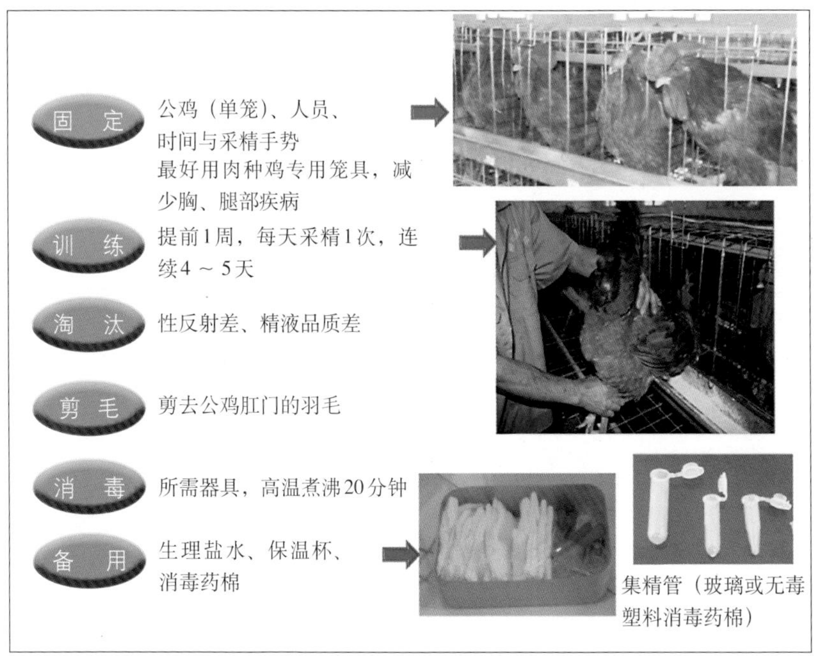

固　定
公鸡（单笼）、人员、
时间与采精手势
最好用肉种鸡专用笼具，减
少胸、腿部疾病
训　练
提前1周，每天采精1次，连
续4～5天
淘　汰
性反射差、精液品质差
剪　毛
剪去公鸡肛门的羽毛
消　毒
所需器具，高温煮沸20分钟
备　用
生理盐水、保温杯、
消毒药棉
集精管（玻璃或无毒
塑料消毒药棉）

采精前种公鸡的训练　　（杜晓惠　赵小玲）

二、采精方法

常用背（腹）式按摩采集法。通常3人一组效率高，2人抓住公鸡并保定，1人采精。到输精时，2人抓住母鸡并翻肛，1人输精。公母鸡都保定在鸡笼门口，仅尾部露出，便于操作就行。

● 公鸡的保定

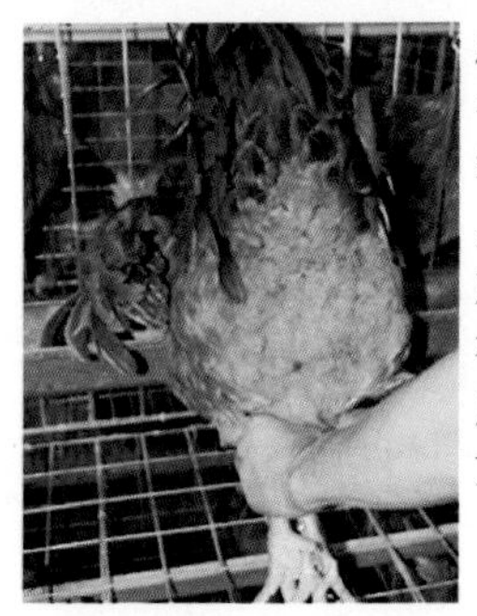

助手保定：单手抓住鸡双脚轻轻往笼外提，另一只手理顺双翅，头颈部在笼内，使鸡尾部伸出笼门，方便采精

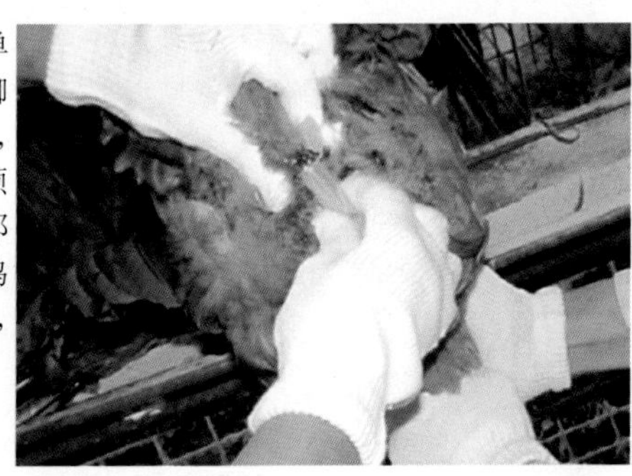

（杜晓惠　赵小玲）

● 采精方法

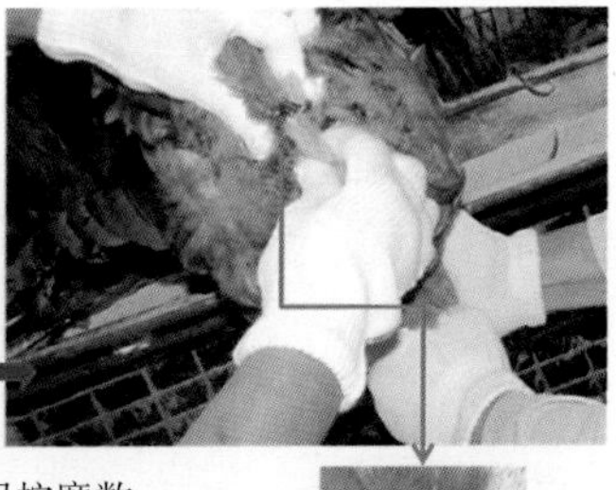

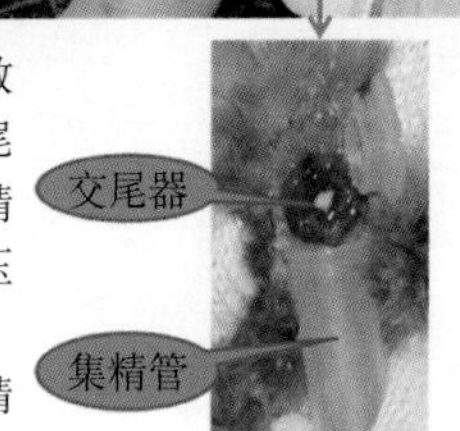

● **常规方法**　左手由鸡的背部向尾根按摩数次，引起公鸡性兴奋、尾部上翘之后，待交尾器外翻时，左手快速捏住交尾器，右手握集精管候在泄殖腔下方，左手拇指和食指适当挤压泄殖腔两侧，公鸡射精后接住精液。

● **腹部刺激**　公鸡性反射不足时才用。采精员右手指夹集精管（管口向着手背），掌心贴近公鸡腹部，作高频率抖动，配合左手的按摩刺激。当公鸡排精时，翻转右手背向上接精液。

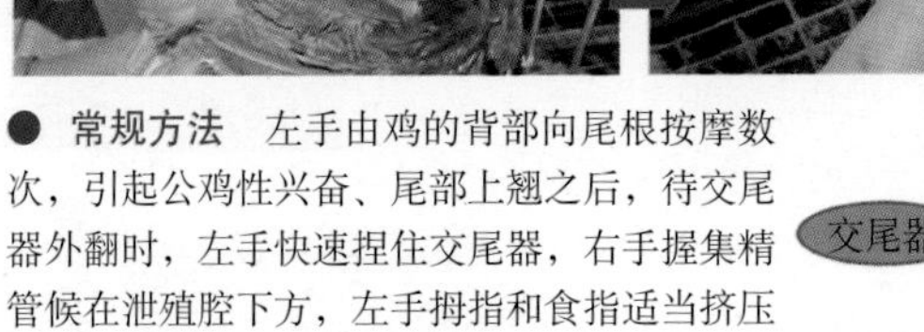

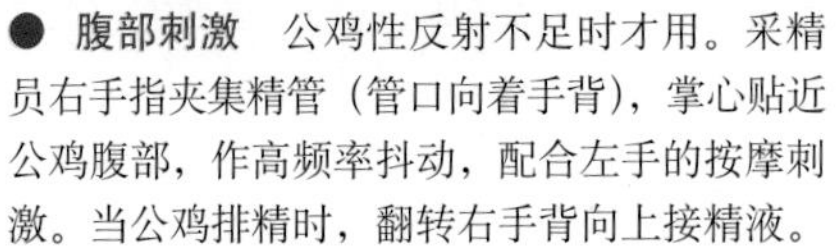

（赵小玲　杜晓惠）

▲ 注意事项

为减少公鸡饱食后排粪尿污染精液，可在采精前3 ~ 4小时停食。

为了顺利采出精液，延长公鸡的使用时间，需注意以下常见问题：

采精训练	应该稳定，不能频繁更换训练人员，不能时断时续等
挤压力度	挤压泄殖腔时，力度恰当，不能引起公鸡不适
采精手法	采精动作必须双手配合，迅速而准确，尤其是按摩频率、力度与公鸡性反应的协调
采精频繁	每天采精会使精液质量变差，隔日或采2天休息1天；一次采精量不够时，可以再采一次
采精用具	要清洗干净、高温消毒，待用时用消毒纱布遮盖
公鸡年龄	及时淘汰精液质量差的老龄公鸡，同时补充年轻力壮的公鸡，混合精液效果好
公鸡受惊	如粗暴抓鸡，公鸡过度紧张，会出现暂时采不出精液或精液量过少的现象
精液质量	弃用最先流出的一小部分精液；避免粪便和其他异物掉进集精管

（赵小玲　杜晓惠）

三、精液品质检查

种公鸡一次射精量一般在0.3毫升以上，低于0.3毫升或精液品质低下的种公鸡应及时淘汰。

精液品质检查通常在种公鸡开始利用前、45周龄以后、公鸡体重突然下降、突发疾病、受精率突然下降时进行，不必每次采精、输精都进行。

外观评定

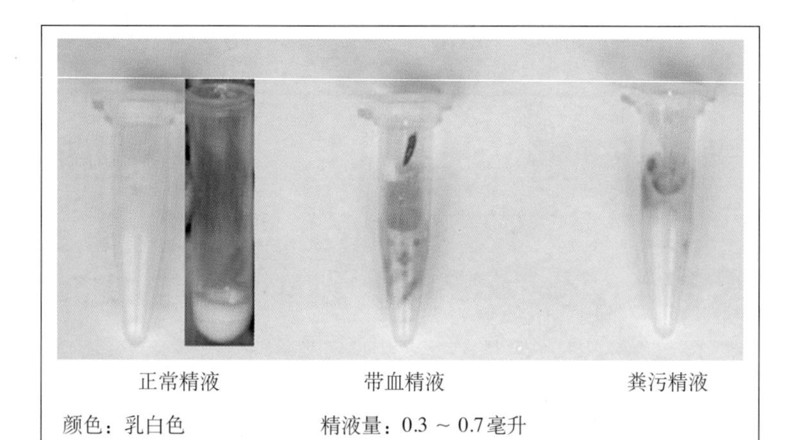

正常精液　　带血精液　　粪污精液

颜色：乳白色
气味：略带有腥味
浓稠度：乳状、黏稠
精液量：0.3 ~ 0.7毫升
污染度：不能有血块、粪便等

（杜晓惠　赵小玲）

四、输精

翻肛

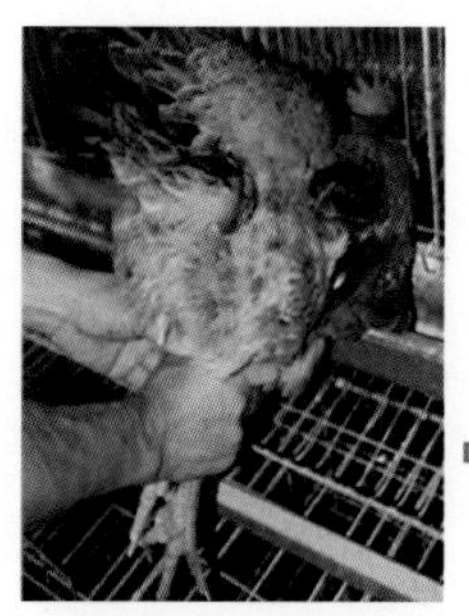

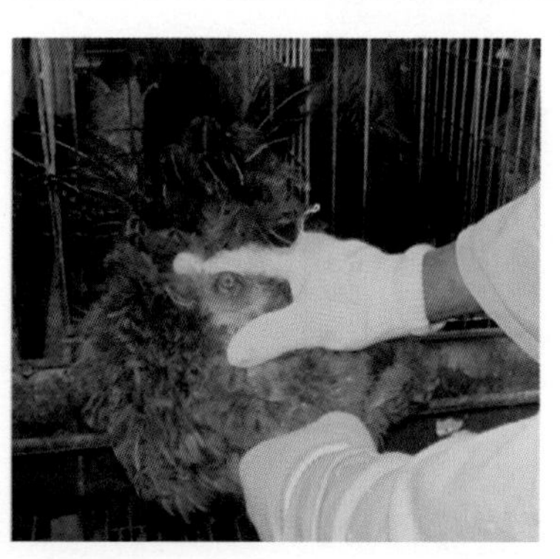

➢单手握鸡双脚，提出笼外，将鸡胸部置于料槽上；单手跨按肛门上下，拇指向腹内挤压，翻出阴道口，稳住。
➢输精后松手，轻轻放鸡，关好笼门。
➢时间：下午，此时多数母鸡已产蛋；将子宫部有蛋的母鸡标记好，待产蛋后再翻。

（杜晓惠　赵小玲）

输精

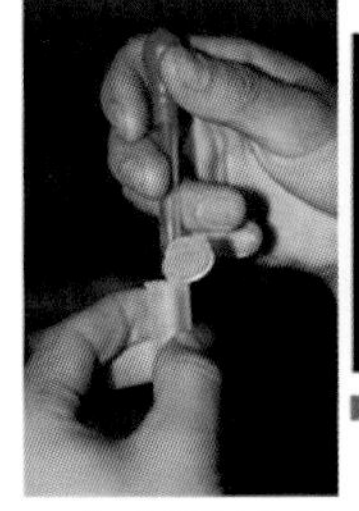

左手紧握集精管（保温、防紫外线）

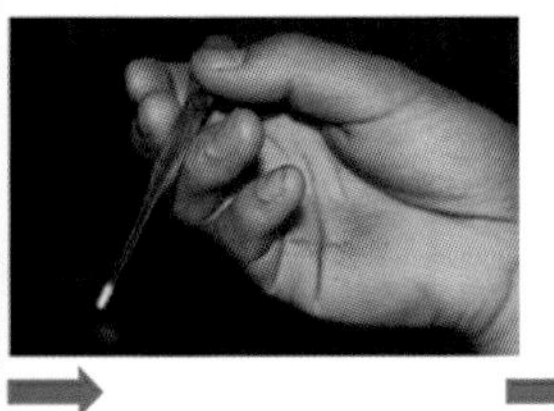

右手持输精器，拇指和食指稍用力压住胶头→吸入精液→挤入母鸡阴道口→压紧胶头→抽出滴管→消毒棉花擦净滴头→松开胶头→重复

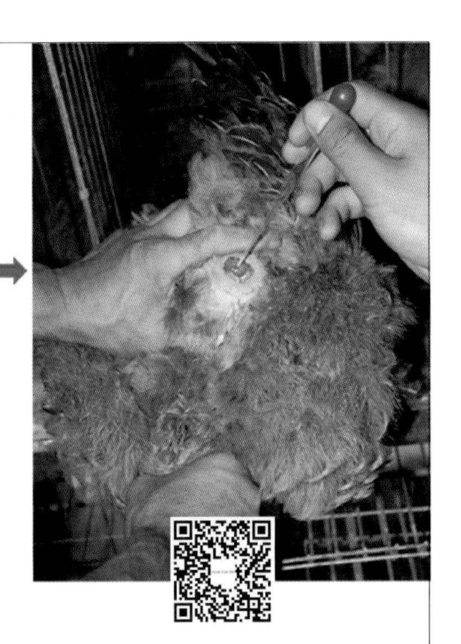

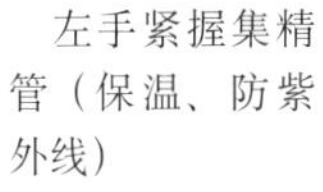

➢尽快输完　20分钟内。
➢输精量　原精30微升，米粒大小。
➢深度与方向　2厘米，顺输卵管方向。
➢输精间隔　5天左右，夏季4天，首次连输2天。
➢集种蛋　首次输精后第3天起。

（杜晓惠　赵小玲）

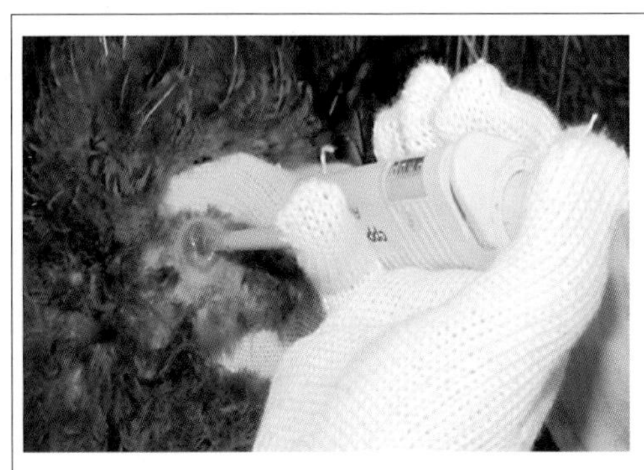

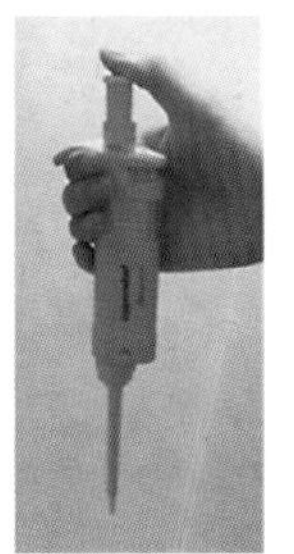

微量移液枪

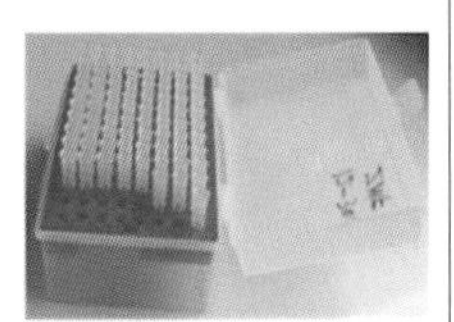

移液枪头
每只鸡换1枪头，避免交叉感染

使用微量移液枪进行输精　（杜晓惠）

▲ 注意事项

输精时间	一般27 ～ 28周龄后，产蛋率上升到80%以上，蛋重达到50克时；在16:00以后，夏、秋季可适当推迟
翻肛力度	挤压泄殖腔时用力适当，只要阴道口露出一点就行
避免空输	输精器离开阴道口后才能松开皮头或拇指
人员配合	在输精员挤入精液的同时，翻肛员即松手放鸡，以免精液外流。1人输精，2人翻肛效率高
输精器	应完好无损，勤消毒或换枪头，顺阴道口插入，以免输卵管感染。最好使用一次性移液枪
脱肛母鸡	挑出单养，暂停输精，对症治疗
母鸡受惊	避免粗暴抓鸡，否则会减少产蛋量，增加破蛋率
老龄母鸡	输精量应比青年母鸡多，而且输精间隔时间也要缩短。建议50微升原精液，每4 ～ 5天输1次

（杜晓惠）

第五节　种蛋孵化

一、种蛋的收集和储藏

● 种蛋收集

➢ **种蛋要求**　表面清洁、光滑、无裂缝，颜色、蛋形正常，无粪便污染，并减少破损。

➢ **种蛋收集要求**　及时收集：每日收集种蛋2次，在极其炎热的条件下，捡蛋次数应增多；用合适规格的塑料蛋盘，轻拿轻放。

● 种蛋的选择

➢ **清洁度**　种蛋沾有粪便或蛋液不仅孵化效果较差，而且还会污

染其他正常种蛋和整个孵化器，增加死胚和腐败蛋，导致孵化率降低和雏鸡质量下降；轻度污染的种蛋需要经过擦拭和消毒才能进行孵化。

脏　蛋（尹华东）

收集的种蛋

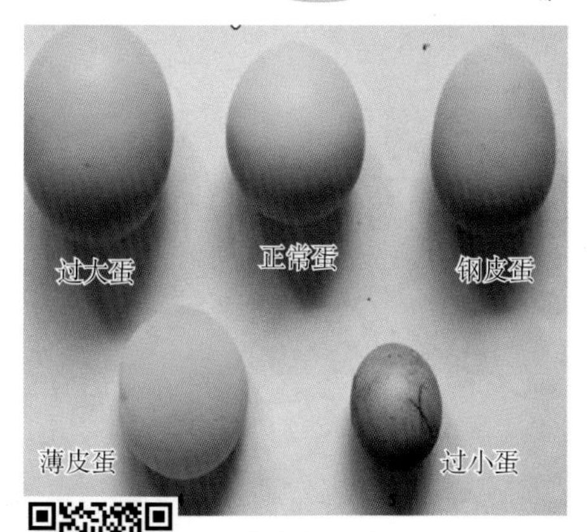

各种蛋的比较

（杜晓惠　赵小玲）

➢ **蛋的大小**　一般种蛋55 ~ 65克，大蛋和小蛋的孵化效果都不如正常种蛋。

➢ **蛋形**　接近椭圆形的种蛋孵化效果最好。要剔除细长，短圆，枣核状，腰凸状等不合格种蛋。

➢ **蛋壳颜色**　符合本品种特征，由于疾病或营养等因素造成的蛋壳颜色突然变浅应要高度重视，暂停留用种蛋。

➢ **蛋壳质量**　剔除钢皮蛋、薄皮蛋、砂皮蛋、皱纹蛋。

➢ **内部质量**　裂纹蛋，气室破裂，气室不正，气室过大的蛋都不能作为种蛋。

● **种蛋的消毒和保存**

➢ **消毒**

时间：一般分两次进行，第一次在鸡舍内消毒，在蛋产出后半小时进行；第二次消毒是在入孵前，在孵化器内进行。

消毒法：常用福尔马林熏蒸法，在密闭空间熏蒸半小时。其他方法包括：过氧乙酸熏蒸法、杀菌剂浸泡法和臭氧密闭法等。

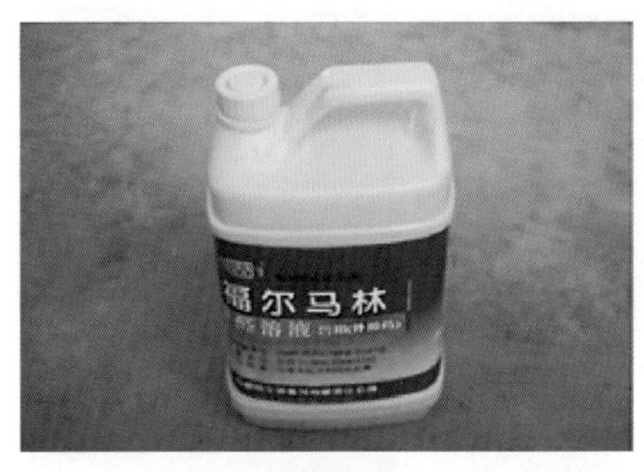

福尔马林试剂 （杜晓惠）

倒入加热锅 （杜晓惠）

加 热 （杜晓惠）

熏蒸整个环境 （尹华东）

➢ **保存温度** 鸡胚发育的临界温度是24℃，种蛋保存温度应低于24℃。种蛋保存1周以内，15℃较为合适；保存1周以上，12℃为宜。另外，种蛋从鸡舍移到蛋库时，需逐渐降温。

➢ **保存湿度** 以相对湿度70%～80%为宜，在使用空调时应特别注意，实际生产中常采用放置水盆的办法。

➢ **通风** 应有缓慢适度的通风，以防发霉。

➢ **种蛋保存时间** 越短越好，一般种蛋保存5～7天为宜，不要超过2周。

➢ **保存方法** 1周左右：蛋托叠放，盖上一层塑料膜；较长期者：锐端向上放置；更长期者：填入氮气。

种蛋保存的环境要求

保存条件	保存时间						
	1～4天	1周内	2周内		3周内		
			第1周	第2周	第1周	第2周	第3周
温度（℃）	15～18	13～15	13	10	13	10	7.5
相对湿度（%）	75～80		80				
蛋放置方式	钝端向上		锐端向上				
其他	清洁、防鼠、防蝇						

（赵小玲）

二、种蛋人工孵化

人工孵化就是利用孵化器为鸡胚胎发育创造适宜外界条件，以便受精卵发育成雏鸡，破壳而出。孵化关键条件：温度、湿度、换气和翻蛋等。

种蛋编号　（朱　庆）

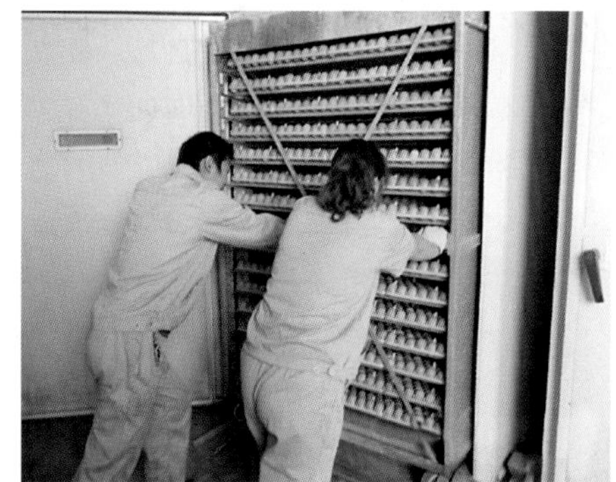

种蛋入孵　（朱　庆）

● 孵化条件

➢ **温度**　温度是最主要的条件。适宜温度为37～39.5℃，温度低于26.6℃胚胎不能发育，高于40.6℃容易把胚胎烧死。

孵化温度控制要求：平稳，防止忽高忽低。变温孵化原则上按

"前期高、后期低"的要求来把握：1～5天38.2～38℃，6～13天37.9～37.7℃，14～18天37.6～37.4℃，19～21天37.2～37℃。

➢ **湿度** 对胚胎发育影响很大。一般要求孵化器内的相对湿度为60%～80%，原则上按"两头大、中间小"的要求进行调整，即前期应稍高（利于囊膜形成），中期稍低（利于水分蒸发），后期较高（避免蛋壳膜与雏鸡粘连）。

在孵化过程中最好每4小时记录一次湿度。一般情况下，相对湿度：1～7天60%，8～16天50%～55%，18天后65%～70%。

➢ **通风换气** 换气可使空气保持新鲜，减少二氧化碳，补充氧气，以利胚胎正常发育。一般要求氧气含量在21%左右，二氧化碳含量<0.5%。通风过度不利于保持温度和相应的湿度；通风不良，则会造成温、湿度过高，烧死胚胎；二氧化碳超标，则胚胎发育迟缓，死亡率增高。

➢ **翻蛋** 翻蛋可以帮助胚胎活动，使它变换位置，以免胚胎和蛋壳粘连。从入孵的第一天起，就要每天定时翻蛋，一般每2小时须翻蛋一次，最大角度不超过45°。翻蛋要求平稳而均匀。

● **孵化管理技术**

➢ **孵化器及孵化室消毒** 在入孵前一周对孵化室及孵化器清洁消毒。屋顶、地面各个角落都要清扫干净，机内刷洗干净后应用高锰酸钾和福尔马林溶液熏蒸消毒。

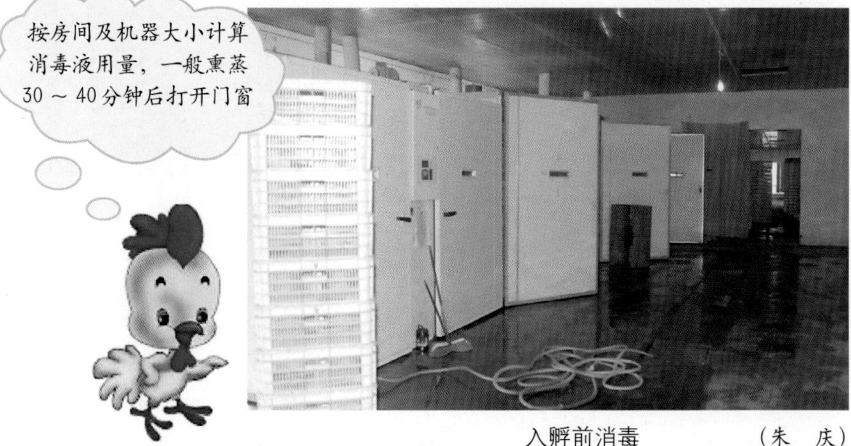

按房间及机器大小计算
消毒液用量，一般熏蒸
30～40分钟后打开门窗

入孵前消毒 （朱　庆）

➢ **试机定温和定湿度**　孵化前，应全面检查孵化器，观察风扇转动和翻蛋装置是否正常，各部配件是否完整，电热丝是否发热，红绿指示灯是否正常，如果发现异常必须及时修好。然后重试温，向水盘加水，使孵化器内达到所需要的温度和湿度。如果孵化器工作正常，温度、湿度变化很小，即可正式上蛋孵化。

➢ **种蛋的选择和消毒**　种蛋最好是7天以内的新鲜蛋，保存时间最多不能超过2周。保存温度一般为8 ~ 20℃，最好是10 ~ 15℃；种蛋蛋形正常，蛋一般为32 ~ 50克；存放种蛋要小头向上。种蛋从蛋库取出后，因温差的原因，蛋壳表面会起水珠，应将其置于常温下5 ~ 8小时，以使蛋内容物的温度和外界的温度趋于一致。

种蛋必须经过消毒方可入孵，消毒可用0.1%新洁尔灭溶液喷洒蛋面，或用0.2%高锰酸钾溶液浸洗2 ~ 3分钟，入孵时一定要大端向上。

➢ **照蛋**　在孵化过程中，为了了解胚胎发育的情况，应验蛋3次。

头照：在孵化第5 ~ 6天进行，主要是检查种蛋的受精情况，检出无精蛋、破壳蛋和血环蛋等。

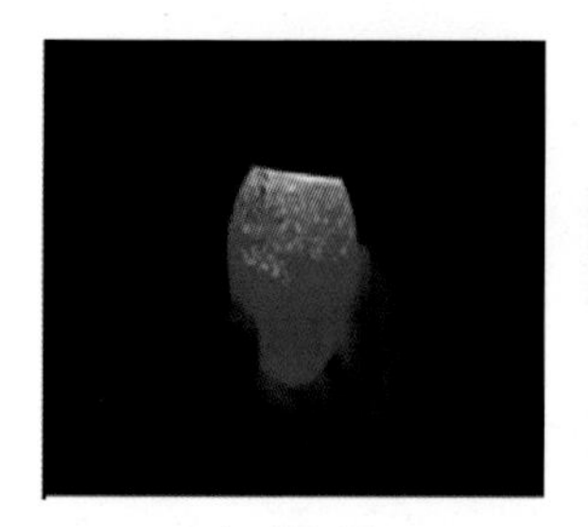

血环蛋

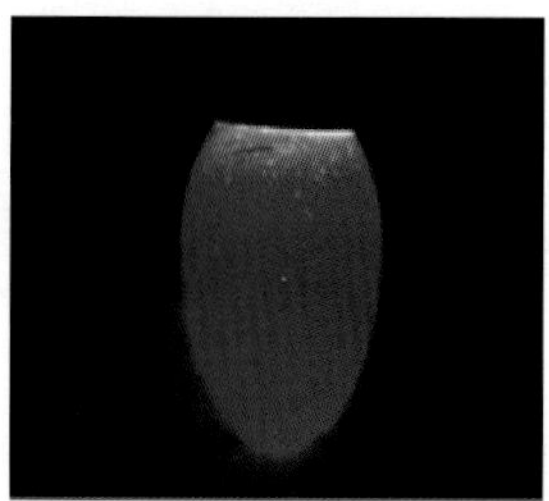

无精蛋

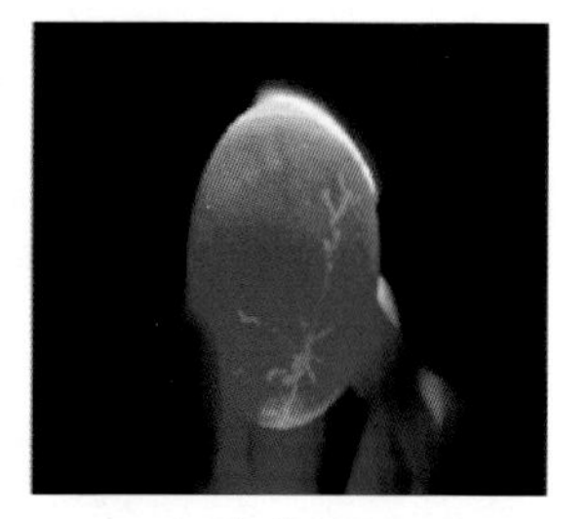

裂纹蛋

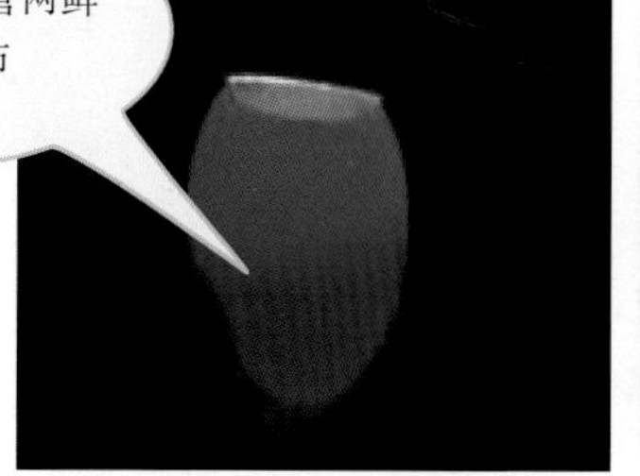

发育正常的血管网鲜明，呈放射状分布

发育正常的受精蛋

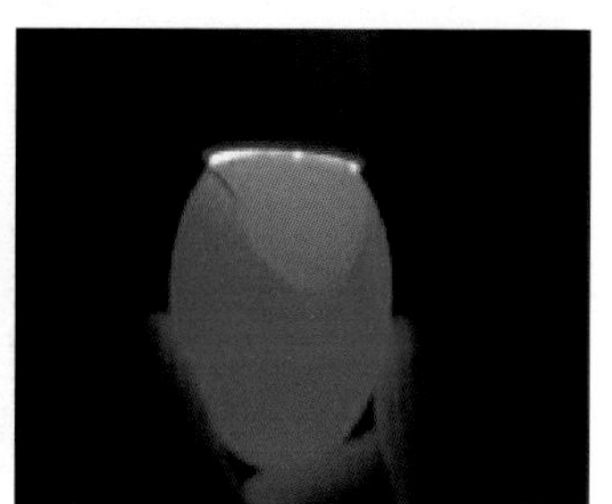

气室易位蛋

二照：一般在入孵第11天进行。检查和剔除死胚蛋。发育良好的胚胎变大，蛋内布满血管，气室大而边界分明。而死胚蛋内显出黑影，周围血管模糊或无血管，蛋内混浊，颜色发黄。

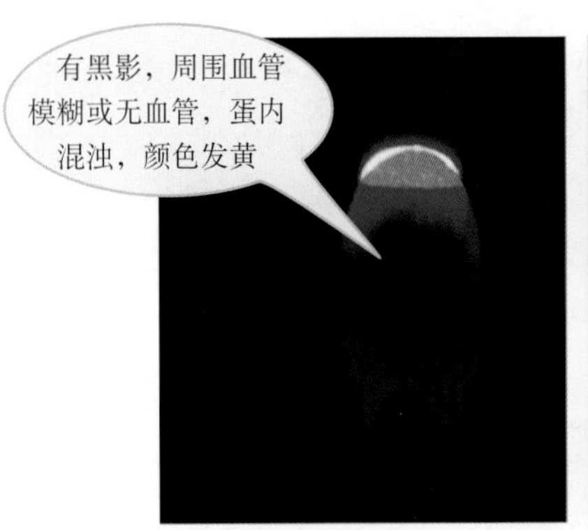

死 胚 蛋

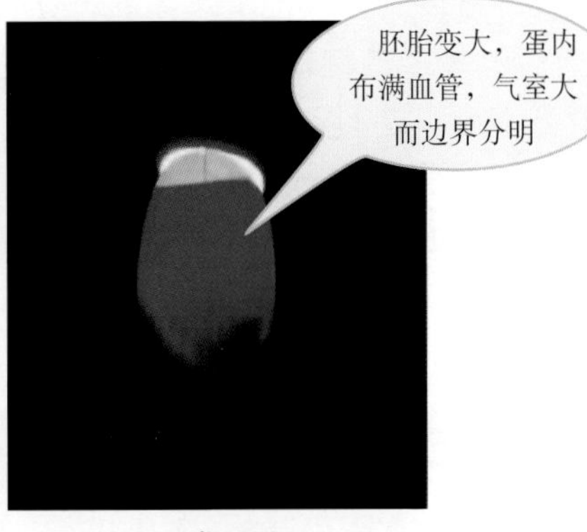

正常胚蛋

三照：入孵第18～19天进行，拣出死胚蛋，确定出雏期和孵化条件。

➢ **落盘** 在孵化第18～19天，将蛋移到出雏盘上叫作落盘。落盘时要轻拿轻放，以单层平放为好，摆放过密、过稀对出雏不利。

打开照蛋后淘汰的鸡蛋，分析鸡胚死亡情况

（张克英）

➢ **拣雏** 在孵化第20～21天后，开始大批破壳出雏，这时每隔4～6小时拣雏一次，把脐部收缩良好、绒毛已干的小鸡拣出来。而脐部凸出、肿胀，鲜红光亮的和绒毛未干的软弱小鸡，应暂时留在出雏盘内，待下次再拣；在拣雏时要把蛋壳同时拣出来。

（张克英）

➢ **人工助产**　对出壳困难的胚胎应进行人工助产，特别是出雏后期。助产时轻轻剥离蛋壳，注意保护血管，如过干可用温水湿润后再剥离，一旦胚胎头颈露出，估计可自行挣脱出壳时，助产即可停止，千万不可强行剥离蛋壳。

➢ **后期清理工作**　孵化第21天，当大部分雏鸡出壳以后，就应开始进行清理工作。首先将死雏和毛胚蛋拣出，之后，把剩下的活胚胎合并在一起，如不满一盘时，可将胚胎堆在雏盘内角，放在温度较高的出雏盘位置上，促其快出雏。

➢ **清洁卫生**　孵完一批后，及时清洗孵化器。先把保护网、出雏盘、出雏盘架、水盘取出，用鸡毛掸把机内壁、蛋盘架两端及机门的绒毛掸出，再用蘸有消毒水的抹布擦干净，取出的各种用具要用消毒水洗刷，经曝晒后，再放回原处。

➢ **停电时应采取的措施**　在孵化过程中如遇到电源中断或孵化器出故障时，要采取下列各项措施。

如已入孵10天以上，要立即把门打开，驱散积热，然后做好室内的保温工作。冬天天气较冷，应将室内的温度提高到27℃以上。

停电后，将孵化器所有的电源开关关闭。

机器内有入孵10天以内的鸡蛋，进出气孔关闭，机门可关上。

孵化中后期。停电后每隔15 ～ 20分钟转蛋一次；每隔2 ～ 3小时把机门打开半边，拨动风扇2 ～ 3分钟，驱散机内积热，以免由于机内积热而烧死胚胎。

如机内有17天的鸡蛋，因胚胎发热量大，闷在机内过久容易热死，应提早落盘。

三、雏鸡性别鉴定

翻开初生雏鸡的肛门，根据有无生殖隆起的形态组织学上的细微差异，肉眼分辨公、母。若无生殖突起即为母鸡，如果有生殖突起，则根据生殖突起组织上的差异分辨公、母。

● **翻肛鉴别手法**

➢ **抓雏、握雏** 右手抓雏后移至左手，雏背贴掌心，泄殖腔向上，将雏鸡颈部轻夹于中指和无名指之间，双翅夹在食指和中指之间，无名指与小指弯曲，将两脚夹在掌面。

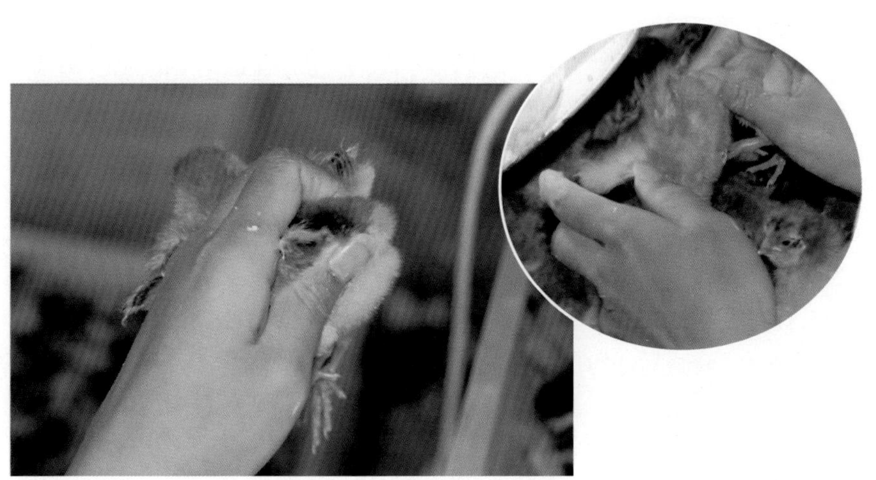

（王 彦）

➢ 排粪、翻肛

排粪：在翻肛前须排胎粪。其方法是：左手拇指轻压雏鸡腹部左侧髋骨下缘，借助雏鸡呼吸将粪便挤入粪缸中。

翻肛手法：左手拇指从前述排粪的位置移到泄殖腔左侧，食指弯曲贴雏鸡背侧，与此同时右手食指放在泄殖腔右侧，拇指侧放在雏鸡脐带处。右手拇指沿直线往上顶推，右手食指往下拉并向泄殖腔靠拢，左手拇指也往里收拢，三指在泄殖腔处呈小三角形，三指凑拢一挤，泄殖腔即翻开。

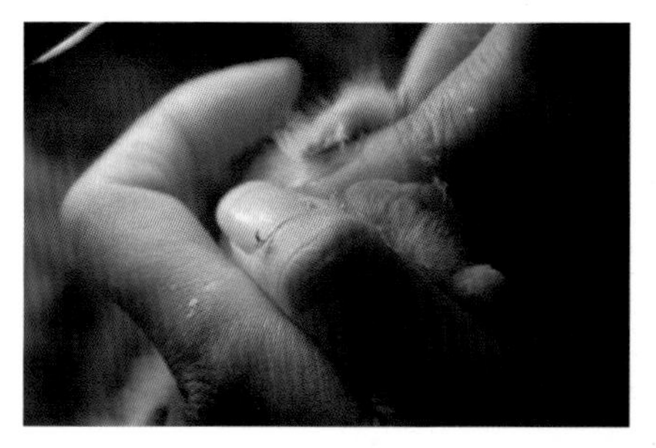

人工翻肛1

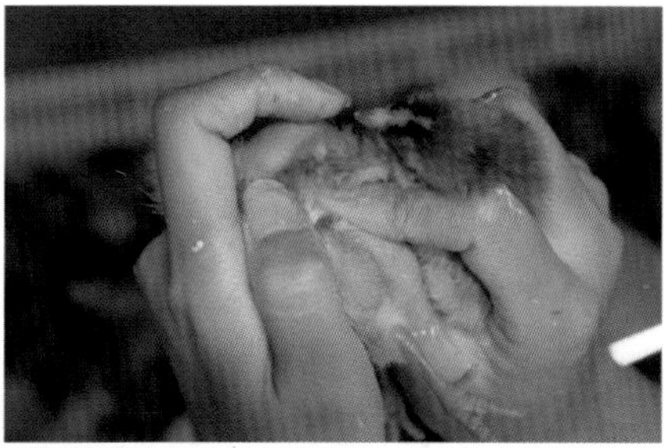

人工翻肛2

➢ 鉴别、放雏　根据生殖突起的有无和生殖隆起形态差别，便可判断雌雄。如果有粪便或渗出物排出，可用左手拇指或右手食指抹去，再行观察。遇一时难以分辨时，也可用左手拇指或右手食指触摸，通过观察生殖隆起充血和弹性程度来分辨公母。

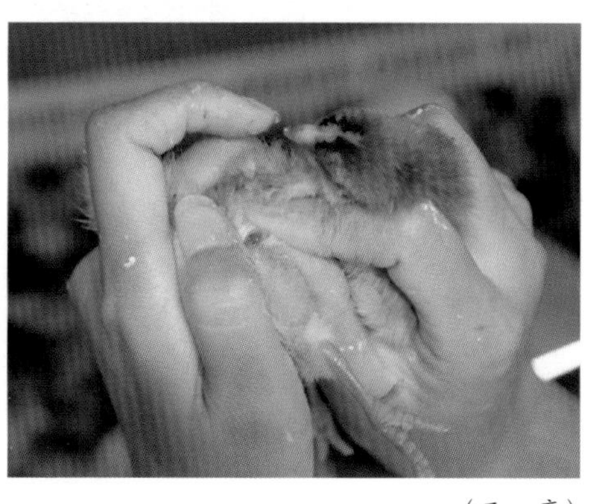

（王　彦）

▲ 注意事项　最适宜鉴别时间：出雏后2 ~ 12小时，最迟不超过24小时为宜。

鉴别要领：正确掌握翻肛手法，不要人为造成隆起变形。此外，翻肛鉴别动作要轻捷。

3 第三章　饲料与饲粮配制

第一节　饲料种类

肉鸡的饲料种类包括能量饲料、蛋白质饲料、矿物质饲料和饲料添加剂等。

一、能量饲料

能量饲料包括谷实类（玉米、小麦、稻谷等）、糠麸类（麦麸、次粉、米糠等）、油脂类（植物油、动物油、混合油）等。

容易感染黄曲霉菌

饲料之王，能值高，但蛋白质含量少，缺乏赖氨酸、色氨酸，钙、磷含量低，黄玉米含较多的玉米黄素，有利于肉鸡皮肤、脚胫、蛋黄着色。在鸡饲粮配方中可占50%～70%

玉　米　　（郑　萍）

能量约为玉米的90%，粗蛋白质比玉米高，适口性好。但抗营养因子β-葡聚糖和戊聚糖含量高，影响肉鸡生产性能，可添加非淀粉多糖酶制剂。小麦在肉鸡饲粮中可占10%～60%

小　麦（白世平）

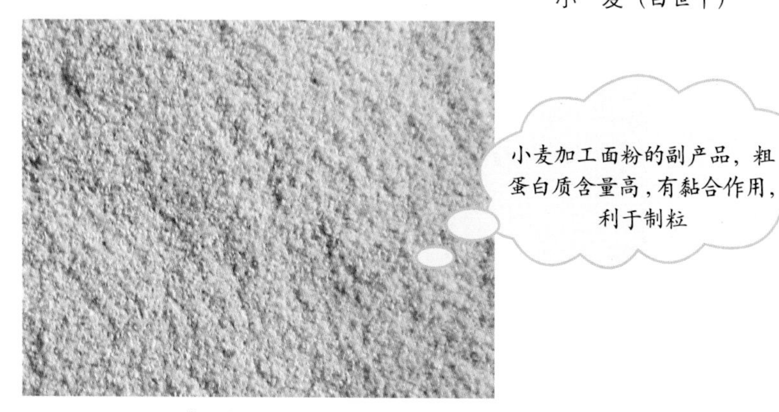

小麦加工面粉的副产品，粗蛋白质含量高，有黏合作用，利于制粒

次　粉　　（郑　萍）

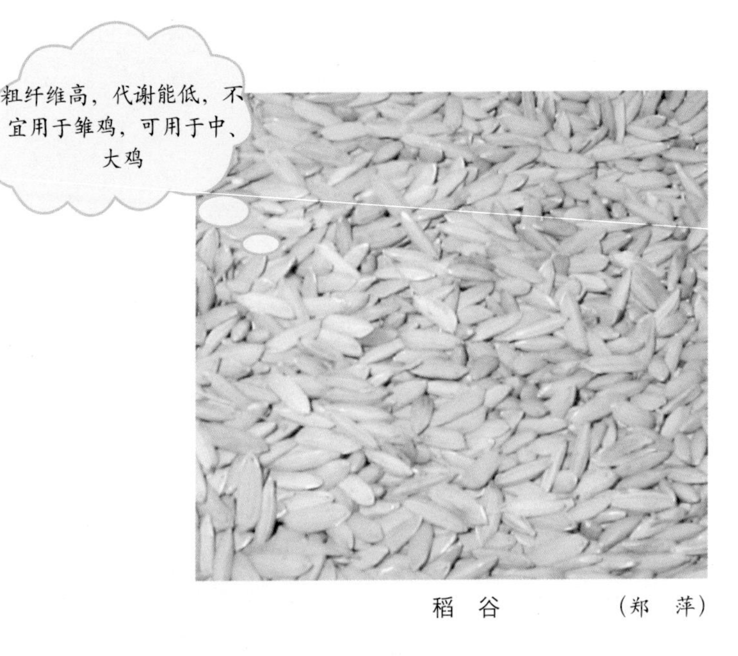
粗纤维高，代谢能低，不宜用于雏鸡，可用于中、大鸡

稻 谷 （郑 萍）

粗纤维高，脂肪高，易氧化酸败，不宜储藏太久

米 糠

（圣迪乐生态食品有限公司）

粗纤维高，能量低，
适于育成鸡和种鸡；
有轻泻作用，用量不
可过多哦

麦　麸　　　　　　（郑　萍）

脂肪含量高，可用于
提高饲粮能量水平；
易氧化酸败，要用新
鲜的哦

脂 肪 粉　　　　　　（郑　萍）

二、蛋白质饲料

蛋白质饲料包括植物性、动物性和微生物蛋白质饲料。

最常用。粗蛋白质含量42%～46%，营养价值高，但蛋氨酸和胱氨酸相对不足

豆　粕　　　　　　（郑　萍）

粗蛋白质含量35%～38%，能量和氨基酸利用率较豆粕低
含硫葡萄糖苷等抗营养因子，影响适口性

菜籽粕　　　　　　（郑　萍）

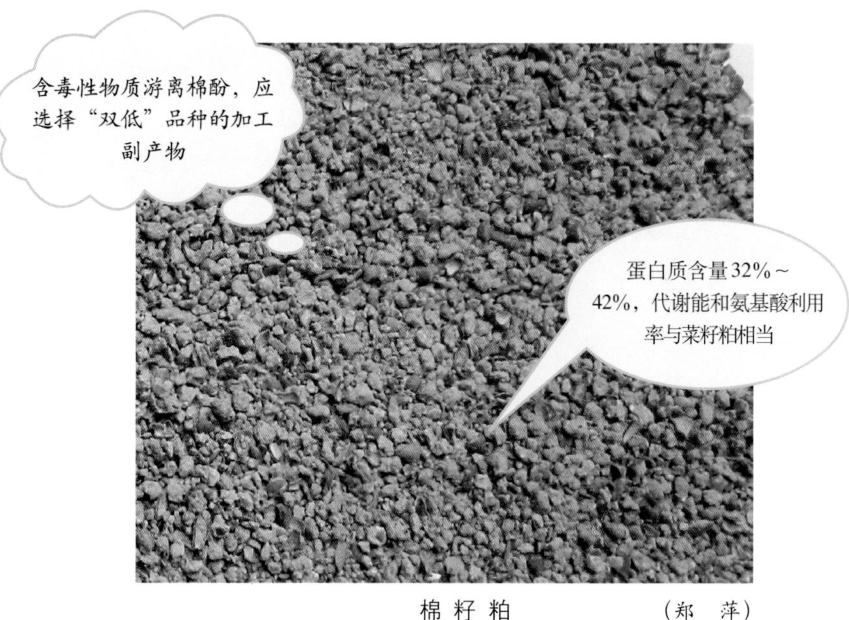

含毒性物质游离棉酚，应选择“双低”品种的加工副产物
蛋白质含量32%～42%，代谢能和氨基酸利用率与菜籽粕相当

棉籽粕　　　　（郑　萍）

蛋白质含量50%～60%，缺乏赖氨酸，宜与其他蛋白饲料配合使用

玉米蛋白粉　　　　（郑　萍）

粗蛋白质35%左右，粗脂肪高，易消化，适口性好，为高能、高蛋白质饲料。注意脂肪氧化酸败

膨化大豆 （郑 萍）

蛋白质60%，氨基酸含量高且平衡，含大量B族维生素和矿物质。但成本高，一般用量2%～5%
注意要用新鲜的哦，还要防止食盐中毒

鱼 粉 （郑 萍）

三、矿物质饲料

矿物质饲料用于补充钙、磷、钠、氯等常量元素。

碳 酸 钙　　　　　　（郑　萍）

用于补充磷和钙。含
钙23%，磷18%
磷酸氢钙

磷酸氢钙　　（郑　萍）

四、饲料添加剂

饲料添加剂包括营养性添加剂（微量元素、维生素和氨基酸）和非营养性添加剂（酶制剂、防霉剂、抗氧化剂等）。

由多种单一维生素复合而成。注意防止高温、高湿、氧化剂等的破坏作用

复合维生素　　　　（郑　萍）

微量元素铜（硫酸铜）　　　　（郑　萍）

产品为L－赖氨酸盐酸盐。注意其中L－赖氨酸含量仅为78%左右哦

赖氨酸　　（郑　萍）

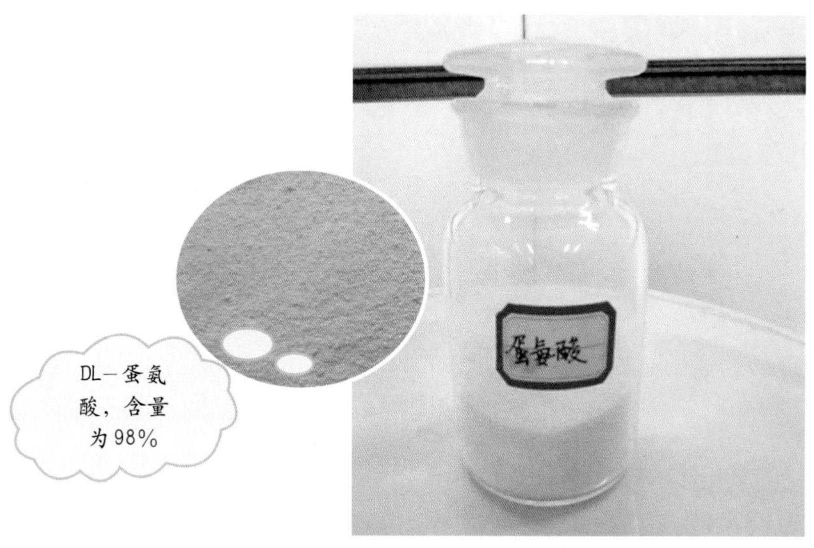

蛋氨酸　　（郑　萍）

种类多！注意有效成分。不同饲粮类型选择不同种类

酶 制 剂　　（郑　萍）

种类有：乙氧基喹啉、二丁基羟基甲苯、丁基羟基茴香醚等，用量为0.01%～0.05%

抗氧化剂　　（郑　萍）

第二节　营养需要

肉鸡必需的营养物质包括：能量、蛋白质和氨基酸、脂肪酸、矿物元素、维生素和水。不同生长阶段肉鸡对各种营养物质的需要量有所不同。

● 肉种鸡的营养需要

肉种鸡营养需要量（NY/T 33—2004）

营养指标	单位	0～6 周龄	7～18 周龄	19 周龄至开产	开产至高峰期 （产蛋>65%）	高峰期后 （产蛋<65%）
代谢能	兆焦/千克 （兆卡/千克）	12.12 (2.90)	11.91 (2.85)	11.70 (2.80)	11.70 (2.80)	11.70 (2.80)
粗蛋白质	%	18.0	15.0	16.0	17.0	16.0
蛋白能量比	克/兆焦 （克/兆卡）	14.85 (62.07)	12.59 (52.63)	13.68 (57.14)	14.53 (60.71)	13.68 (57.14)
赖氨酸能量比	克/兆焦 （克/兆卡）	0.76 (3.17)	0.55 (2.28)	0.64 (2.68)	0.68 (2.86)	0.64 (2.68)
赖氨酸	%	0.92	0.65	0.75	0.80	0.75
蛋氨酸	%	0.34	0.30	0.32	0.34	0.30
蛋氨酸+胱氨酸	%	0.72	0.56	0.62	0.64	0.60
苏氨酸	%	0.52	0.48	0.50	0.55	0.50
色氨酸	%	0.20	0.17	0.16	0.17	0.16
精氨酸	%	0.90	0.75	0.90	0.90	0.88
亮氨酸	%	1.05	0.81	0.86	0.86	0.81
异亮氨酸	%	0.66	0.58	0.58	0.58	0.58
苯丙氨酸	%	0.52	0.39	0.42	0.51	0.48

（续）

营养指标	单位	0～6周龄	7～18周龄	19周龄至开产	开产至高峰期（产蛋＞65%）	高峰期后（产蛋＜65%）
苯丙氨酸+酪氨酸	%	1.00	0.77	0.82	0.85	0.80
组氨酸	%	0.26	0.21	0.22	0.24	0.21
脯氨酸	%	0.50	0.41	0.44	0.45	0.42
缬氨酸	%	0.62	0.47	0.50	0.66	0.51
甘氨酸+丝氨酸	%	0.70	0.53	0.56	0.57	0.54
钙	%	1.00	0.90	2.0	3.30	3.50
总磷	%	0.68	0.65	0.65	0.68	0.65
非植酸磷	%	0.45	0.40	0.42	0.45	0.42
钠	%	0.18	0.18	0.18	0.18	0.18
氯	%	0.18	0.18	0.18	0.18	0.18
铁	毫克/千克	60	60	80	80	80
铜	毫克/千克	6	6	8	8	8
锌	毫克/千克	60	60	80	80	80
锰	毫克/千克	80	80	100	100	100
碘	毫克/千克	0.70	0.70	1.00	1.00	1.00
硒	毫克/千克	0.30	0.30	0.30	0.30	0.30
亚油酸	%	1	1	1	1	1
维生素A	国际单位/千克	8 000	6 000	9 000	12 000	12 000
维生素D	国际单位/千克	1 600	1 200	1 800	2 400	2 400
维生素E	国际单位/千克	20	10	10	30	30
维生素K	国际单位/千克	1.5	1.5	1.5	1.5	1.5
硫胺素	毫克/千克	1.8	1.5	1.5	2.0	2.0

（续）

营养指标	单位	0～6周龄	7～18周龄	19周龄至开产	开产至高峰期（产蛋＞65%）	高峰期后（产蛋＜65%）
核黄素	毫克/千克	8	6	6	9	9
泛酸	毫克/千克	12	10	10	12	12
烟酸	毫克/千克	30	20	20	35	35
吡哆醇	毫克/千克	3.0	3.0	3.0	4.5	4.5
生物素	毫克/千克	0.15	0.10	0.10	0.20	0.20
叶酸	毫克/千克	1.0	0.5	0.5	1.2	1.2
维生素B_{12}	毫克/千克	0.010	0.006	0.008	0.012	0.012
胆碱	毫克/千克	1 300	900	500	500	500

● **肉鸡营养需要**　根据肉鸡的生长发育特点，营养需要重点是前期饲养强调蛋白质的水平，而后期强调饲粮的能量水平。

肉鸡营养需要（NY/T 33—2004）

营养指标	单位	0～3周龄	4～6周龄	7周龄起
代谢能	兆焦/千克(兆卡/千克)	12.54(3.00)	12.96(3.10)	13.17(3.15)
粗蛋白质	%	21.5	20.0	18.0
蛋白能量比	克/兆焦(克/兆卡)	17.14(71.67)	15.43(64.52)	13.67(57.14)
赖氨酸能量比	克/兆焦(克/兆卡)	0.92(3.83)	0.77(3.23)	0.67(2.81)
赖氨酸	%	1.15	1.00	0.87
蛋氨酸	%	0.50	0.40	0.34
蛋氨酸+胱氨酸	%	0.91	0.76	0.65
苏氨酸	%	0.81	0.72	0.68
色氨酸	%	0.21	0.18	0.17

（续）

营养指标	单位	0～3周龄	4～6周龄	7周龄起
精氨酸	%	1.20	1.12	1.01
亮氨酸	%	1.26	1.05	0.94
异亮氨酸	%	0.81	0.72	0.63
苯丙氨酸	%	0.71	0.66	0.58
苯丙氨酸+酪氨酸	%	1.27	1.15	1.00
组氨酸	%	0.35	0.32	0.27
脯氨酸	%	0.58	0.54	0.47
缬氨酸	%	0.85	0.74	0.64
甘氨酸+丝氨酸	%	1.24	1.10	0.96
钙	%	1.00	0.90	0.80
总磷	%	0.68	0.65	0.60
非植酸磷	%	0.45	0.40	0.35
钠	%	0.20	0.15	0.15
氯	%	0.20	0.15	0.15
铁	毫克/千克	100	80	80
铜	毫克/千克	8	8	8
锌	毫克/千克	100	80	80
锰	毫克/千克	120	100	80
碘	毫克/千克	0.70	0.70	0.70
硒	毫克/千克	0.30	0.30	0.30
亚油酸	%	1	1	1
维生素A	国际单位/千克	8 000	6 000	2 700

（续）

营养指标	单位	0～3周龄	4～6周龄	7周龄起
维生素D	国际单位/千克	1 000	750	400
维生素E	国际单位/千克	20	10	10
维生素K	国际单位/千克	0.50	0.50	0.50
硫胺素	毫克/千克	2.00	2.00	2.00
核黄素	毫克/千克	8	5	5
泛酸	毫克/千克	10	10	10
烟酸	毫克/千克	35	30	30
吡哆醇	毫克/千克	3.5	3.0	3.0
生物素	毫克/千克	0.18	0.15	0.10
叶酸	毫克/千克	0.55	0.55	0.50
维生素B_{12}	毫克/千克	0.010	0.010	0.007
胆碱	毫克/千克	1 300	1 000	750

黄羽肉鸡种鸡营养需要

黄羽肉鸡种鸡营养需要（NY/T 33—2004）

营养指标	单位	0～6周龄	7～18周龄	19周龄至开产	产蛋期
代谢能	兆焦/千克 （兆卡/千克）	12.12 (2.90)	11.70 (2.70)	11.50 (2.75)	11.50 (2.75)
粗蛋白质	%	20.0	15.0	16.0	16.0
蛋白能量比	克/兆焦 （克/兆卡）	16.50 (68.96)	12.82 (55.56)	13.91 (58.18)	13.91 (58.18)
赖氨酸能量比	克/兆焦 （克/兆卡）	0.74 (3.10)	0.56 (2.32)	0.70 (2.91)	0.70 (2.91)

（续）

营养指标	单位	0～6周龄	7～18周龄	19周龄至开产	产蛋期
赖氨酸	%	0.90	0.75	0.80	0.80
蛋氨酸	%	0.38	0.29	0.37	0.40
蛋氨酸+胱氨酸	%	0.69	0.61	0.69	0.80
苏氨酸	%	0.58	0.52	0.55	0.56
色氨酸	%	0.18	0.16	0.17	0.17
精氨酸	%	0.99	0.87	0.90	0.95
亮氨酸	%	0.94	0.74	0.83	0.86
异亮氨酸	%	0.60	0.55	0.56	0.60
苯丙氨酸	%	0.51	0.48	0.50	0.51
苯丙氨酸+酪氨酸	%	0.86	0.81	0.82	0.84
组氨酸	%	0.28	0.24	0.25	0.26
脯氨酸	%	0.43	0.39	0.40	0.42
缬氨酸	%	0.60	0.52	0.57	0.70
甘氨酸+丝氨酸	%	0.77	0.69	0.75	0.78
钙	%	0.90	0.90	2.00	3.00
总磷	%	0.65	0.61	0.63	0.65
非植酸磷	%	0.40	0.36	0.38	0.41
钠	%	0.16	0.16	0.16	0.16
氯	%	0.16	0.16	0.16	0.16
铁	毫克/千克	54	54	72	72
铜	毫克/千克	5.40	5.40	7.00	7.00
锌	毫克/千克	72	72	90	90

（续）

营养指标	单位	0～6周龄	7～18周龄	19周龄至开产	产蛋期
锰	毫克/千克	4	4	72	72
碘	毫克/千克	0.60	0.60	0.90	0.90
硒	毫克/千克	0.27	0.27	0.27	0.27
亚油酸	%	1	1	1	1
维生素A	国际单位/千克	7 200	5 400	7 200	10 800
维生素D	国际单位/千克	1 440	1 080	1 620	2 160
维生素E	国际单位/千克	18	9	9	27
维生素K	国际单位/千克	1.40	1.40	1.40	1.40
硫胺素	毫克/千克	1.60	1.40	1.40	1.80
核黄素	毫克/千克	7	5	5	8
泛酸	毫克/千克	11	9	9	11
烟酸	毫克/千克	27	18	18	32
吡哆醇	毫克/千克	2.70	2.70	2.70	2.70
生物素	毫克/千克	0.14	0.09	0.09	0.18
叶酸	毫克/千克	0.90	0.45	0.45	1.08
维生素B_{12}	毫克/千克	0.009	0.005	0.007	0.010
胆碱	毫克/千克	1 170	810	450	450

● **黄羽肉鸡营养需要** 黄羽肉鸡按生长速度和肉质来分，可分为优质型、普通型和快速型三类。优质型黄羽肉鸡生长期在90天以上，其营养需要与土鸡接近；快速型黄羽肉鸡生长期为60天，饲粮营养水平略低于白羽肉鸡水平；普通型黄羽肉鸡一般70日龄左右上市，饲粮营养水平介于优质和快速型两者之间。

黄羽肉鸡营养需要（NY/T 33—2004）

营养指标	单位	♀0～4周龄 ♂0～3周龄	♀5～8周龄 ♂4～5周龄	♀>8周龄 ♂>5周龄
代谢能	兆焦/千克(兆卡/千克)	12.12(2.90)	12.54(3.00)	12.96(3.10)
粗蛋白质	%	21.0	19.0	16.0
蛋白能量比	克/兆焦(克/兆卡)	17.33(72.41)	15.15(63.33)	12.34(51.61)
赖氨酸能量比	克/兆焦(克/兆卡)	0.87(3.62)	0.78(3.27)	0.66(2.74)
赖氨酸	%	1.05	0.98	0.85
蛋氨酸	%	0.46	0.40	0.34
蛋氨酸+胱氨酸	%	0.85	0.72	0.65
苏氨酸	%	0.76	0.74	0.68
色氨酸	%	0.19	0.18	0.16
精氨酸	%	1.19	1.10	1.00
亮氨酸	%	1.15	1.09	0.93
异亮氨酸	%	0.76	0.73	0.62
苯丙氨酸	%	0.69	0.65	0.56
苯丙氨酸+酪氨酸	%	1.28	1.22	1.00
组氨酸	%	0.33	0.32	0.27
脯氨酸	%	0.57	0.55	0.46
缬氨酸	%	0.86	0.82	0.70
甘氨酸+丝氨酸	%	1.19	1.14	0.97
钙	%	1.00	0.90	0.80
总磷	%	0.68	0.65	0.60
非植酸磷	%	0.45	0.40	0.35
钠	%	0.15	0.15	0.15

（续）

营养指标	单位	♀0～4周龄 ♂0～3周龄	♀5～8周龄 ♂4～5周龄	♀＞8周龄 ♂＞5周龄
氯	%	0.15	0.15	0.15
铁	毫克/千克	80	80	80
铜	毫克/千克	8	8	8
锌	毫克/千克	60	60	60
锰	毫克/千克	80	80	80
碘	毫克/千克	0.35	0.35	0.35
硒	毫克/千克	0.15	0.15	0.15
亚油酸	%	1	1	1
维生素A	国际单位/千克	5 000	5 000	5 000
维生素D	国际单位/千克	1 000	1 000	1 000
维生素E	国际单位/千克	10	10	10
维生素K	国际单位/千克	0.50	0.50	0.50
硫胺素	毫克/千克	1.80	1.80	1.80
核黄素	毫克/千克	3.60	3.60	3.00
泛酸	毫克/千克	10	10	10
烟酸	毫克/千克	35	30	25
吡哆醇	毫克/千克	3.5	3.5	3.5
生物素	毫克/千克	0.15	0.15	0.15
叶酸	毫克/千克	0.55	0.55	0.55
维生素B_{12}	毫克/千克	0.010	0.010	0.010
胆碱	毫克/千克	1 000	750	500

第三节 饲粮配制

一、配合饲料类型

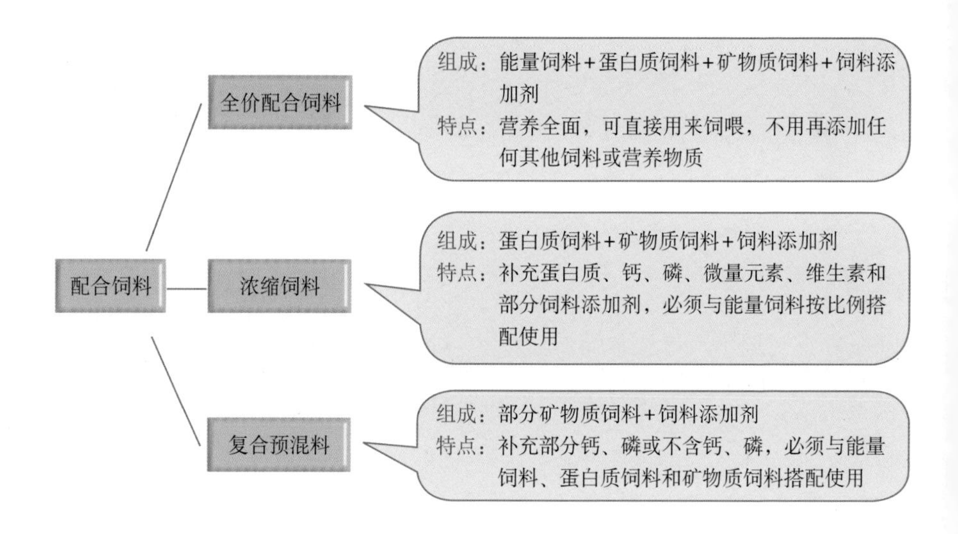

配合饲料
全价配合饲料
组成：能量饲料+蛋白质饲料+矿物质饲料+饲料添加剂
特点：营养全面，可直接用来饲喂，不用再添加任何其他饲料或营养物质
浓缩饲料
组成：蛋白质饲料+矿物质饲料+饲料添加剂
特点：补充蛋白质、钙、磷、微量元素、维生素和部分饲料添加剂，必须与能量饲料按比例搭配使用
复合预混料
组成：部分矿物质饲料+饲料添加剂
特点：补充部分钙、磷或不含钙、磷，必须与能量饲料、蛋白质饲料和矿物质饲料搭配使用

二、肉鸡的饲粮配制

● 饲粮配制原则

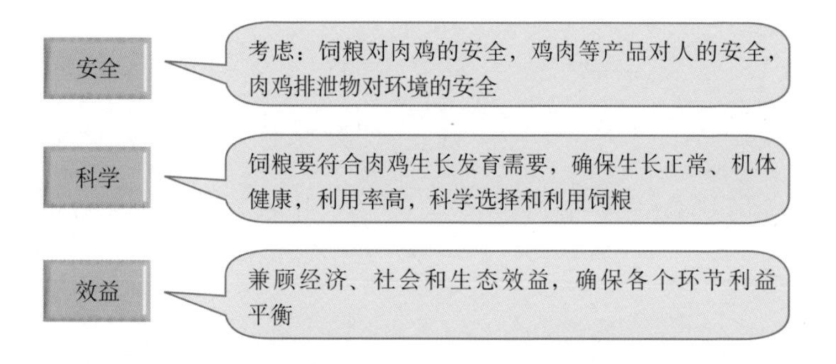

安全
考虑：饲粮对肉鸡的安全，鸡肉等产品对人的安全，肉鸡排泄物对环境的安全
科学
饲粮要符合肉鸡生长发育需要，确保生长正常、机体健康，利用率高，科学选择和利用饲粮
效益
兼顾经济、社会和生态效益，确保各个环节利益平衡

典型饲粮的配方

➢ 雏鸡饲粮配方

（丁雪梅）

玉米59.2%
豆粕30%
棉籽粕2%
菜籽饼2%
油脂2%
碳酸钙0.8%
磷酸氢钙1.7%
添加剂2%
食盐0.3%

自由采食

➢ 生长期肉鸡饲粮配方

玉米63.4%
豆粕22%
菜籽粕3%
棉籽粕3%
油脂4%
磷酸氢钙1.5%
石灰0.8%
添加剂2%
食盐0.3%

自由采食

生长期肉鸡 （丁雪梅）

三、肉种鸡的饲粮配制

肉种鸡要限制饲喂。饲粮配制重点：能量与其他营养物质的比例；产蛋期间要注意补充钙

产蛋期典型配方：玉米62.6%，豆粕23%，菜籽粕3%，石灰7.5%，磷酸氢钙1.5%，食盐0.35%，其他2.05%

（丁雪梅）

四、散养鸡的饲粮配制

可以使用青饲料或部分饲料原料如玉米。关键：全价饲料中不能添加药物性饲料添加剂

（曾秋凤）

4 第四章　肉种鸡的饲养管理

第一节　育雏期的饲养管理

一、雏鸡对环境条件的要求

育雏期指从肉鸡出壳到离温（4 ~ 6周龄）前的人工给温时期。重点是确保雏鸡骨骼、免疫系统、体重、羽毛在早期发育良好，提高鸡群成活率和均匀度。

● **温度**　温度必须适宜。

肉种鸡育雏期的适宜温度（℃）

周　龄	室　温	育雏器温度
进雏1 ~ 2日龄	24	35
1	24	35 ~ 32
2	24 ~ 21	32 ~ 29
3	21 ~ 18	29 ~ 27
4	18	27 ~ 24
5	18 ~ 16	24 ~ 21
6	18 ~ 16	21 ~ 18

● **相对湿度**　1 ~ 10日龄60％ ~ 70％；10日龄以后为50％ ~ 60％。

▲ **注意**　通风，勤换垫料，保持育雏舍内干燥清洁。

● **通风控制**　主要是通过育雏室的风斗来实现空气交换。第2周以后，开放型鸡

（朱　庆）

舍可选择温暖无风的中午开窗换气，但应避免冷空气直接吹入，并防止贼风。

● **适宜的饲养密度** 根据鸡舍的构造、通风条件、饲养方式等具体情况灵活掌握鸡只饲养密度。

（白世平）

网上平养饲养密度可略大于地面平养，不超过24只/米^{2}为宜

（白世平）

笼养饲养密度大，可达34～60只/米^2

（白世平）

● **光照**　育雏期光照主要是让雏鸡熟悉环境，保证采食。光照强度一般要求在10勒克斯以下为宜。

育雏期光照控制

鸡舍类型	日龄	光照时间（小时）
密闭式鸡舍	1 ~ 2	24
	3 ~ 10	每天减2小时直至8小时为止
	11 ~ 42	8
开放式鸡舍	1 ~ 7	17 ~ 24
	8 ~ 42	自然光照

（白世平）

二、育雏期的饲养管理要点

● **育雏前的准备**　检修育雏舍内所有设备、器具，并作好消毒工作，在进雏前1 ~ 3天对鸡舍进行预热和试温；作好饲料、药品、谱系等记录准备；种雏鸡雌雄鉴别后运输要迅速、注意卫生。

地面平养肉种鸡饲养设备的准备
（白世平）

网上育雏设备的准备与消毒
（白世平）

饮水器、料槽、笼具、地面一处也不能放过

立体笼养育雏设备的准备与消毒
（白世平）

育雏舍的预热
（白世平）

育雏室内加热管道

准备好谱系、药品等各种记录表

（白世平）

通过翻肛进行雏鸡雌雄鉴别

（尹华东）

● 饲喂技术

➢ 饮水

要保证充足的水供给，最初几天最好用温水，可加入万分之一的高锰酸钾或5%葡萄糖，以减少应激

育雏期肉种鸡饮水供应　（尹华东）

➢ 饲料供给

喂料次数一般初期6～7次/天，其中白天4～5次，晚上1～2次。后期喂料可减少到5～6次/天

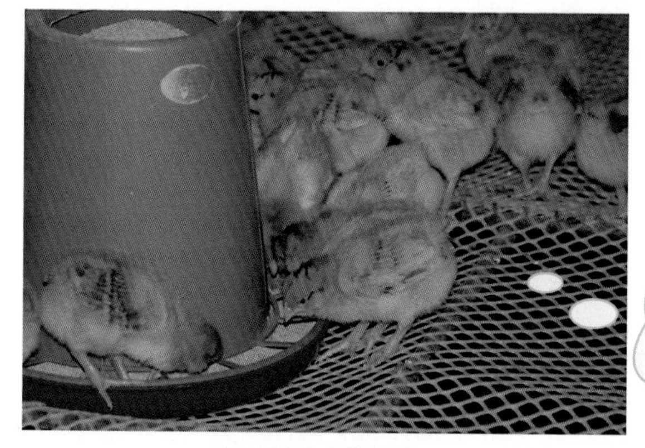

育雏期种鸡的饲喂　（朱　庆）

● 管理

➢ 选择与淘汰

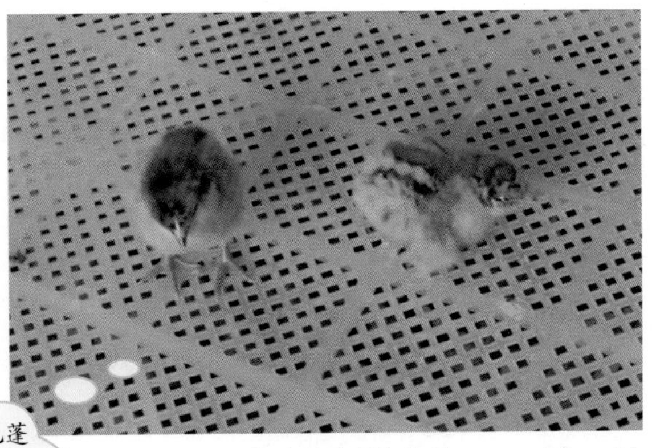

缩头闭眼，羽毛蓬乱，腹大松弛，叫声微弱的弱雏一定要淘汰哟

雏鸡的选择与淘汰 （朱 庆）

➢ 断喙

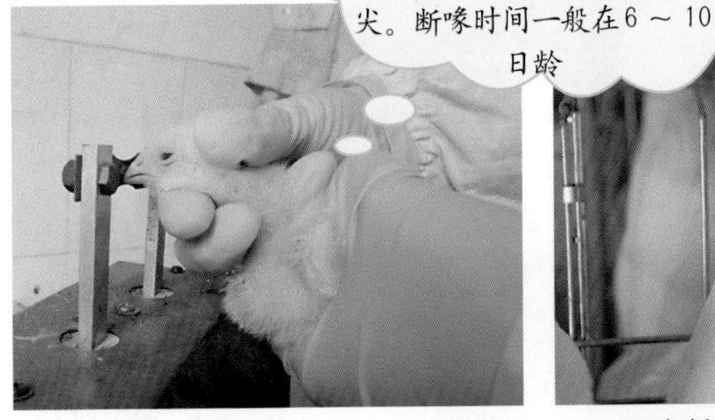

母雏上喙从喙尖至鼻孔的1/2处，下喙是从喙尖至鼻孔的1/3处，种用小公鸡只去喙尖。断喙时间一般在6 ～ 10日龄

断 喙 （尹华东）

正确断喙种母鸡成年的情况 （白世平）

第二节 育成期的饲养管理

育成期指从育雏结束到开产前这段时期（7 ～ 23周龄）。重点是保证骨骼和肌肉充分发育，适度控制生殖器官的发育。

一、光照控制

育成期光照控制

鸡舍类型	周　龄	光照时间（小时）
密闭式鸡舍	7 ~ 18	8
	19 ~ 20	9
	21	10
	22 ~ 23	13
开放式鸡舍	7 ~ 16	渐短的自然光照或使光照总时数不变
	17 ~ 18	光照总时数不变
	19 ~ 21	增加2小时
	22 ~ 24	每隔2周增加1小时

密闭式笼养肉种鸡的光照控制

（白世平）

通过人工光源来增加光照时间
通过遮光来减少光照时间

密闭式鸡舍内的光照控制

（白世平）

开放式鸡舍的光照控制

（白世平）

二、限制饲喂

▲ 目的：控制育成期种鸡生长速度，使其符合品种标准要求；防止种鸡性成熟过早，提高种用价值。主要分限质、限量和限时三种方法。

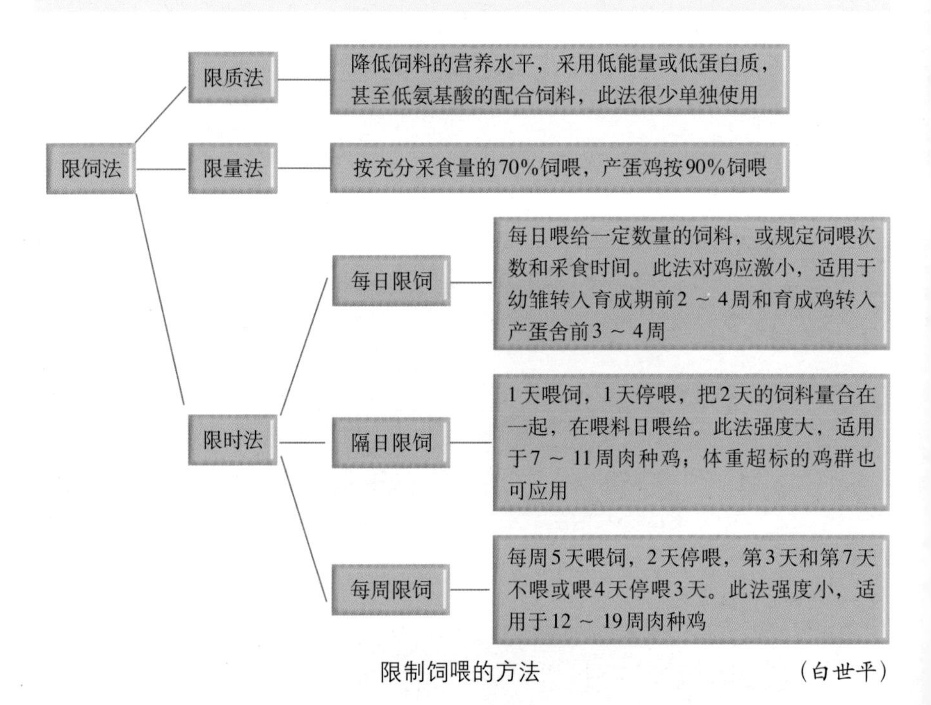

限制饲喂的方法　　（白世平）

三、选择与淘汰

选留与淘汰标准

周　龄	选 留 与 淘 汰 标 准
1日龄	淘汰体形小、瘦弱和畸形的个体；公鸡量为母鸡的17%～20%
7～8	母鸡：个体均匀，体重达到品种标准，体质结实，骨骼发育良好，采食力强，活泼好动
	公鸡：体躯魁伟，姿态雄壮，胸肩宽阔，肌肉发达；双目有神，冠大而红，骨骼坚实，羽毛光润而无杂毛；增重和羽毛生长快

（续）

周 龄	选 留 与 淘 汰 标 准
18 ~ 20	低于平均体重10%以下、弱鸡、残次鸡及外貌特征不符合品种要求的淘汰；公鸡按母鸡选留数的11% ~ 12%留下

第三节　产蛋期的饲养管理

一、预产期的饲养管理

预产期指肉种鸡由生长期向产蛋期转变的过程，即18 ~ 23周龄。

● **转群**　育成鸡在20 ~ 21周龄应及时转入产蛋鸡舍。注意在转群前6小时应停料；转群前后2 ~ 3天，饲料中增加维生素和饮用电解质。

育成期肉种鸡　　（白世平）

转入产蛋舍的肉种鸡 （白世平）

● 预产期饲养管理要点

预产期饲养管理要点

周　龄	日　龄	饲养管理措施
21	147	从育成料转换成种鸡料，但要继续限制饲喂
22	154	自由采食贝壳粉或粗钙粉等钙补充剂
23	155	光照增加至14小时
	161	鸡群应开产（1%～2%产蛋率）
24	162	开始每天限饲种鸡日粮
	168	鸡群应达到5%产蛋率
25	169	每天自由采食鸡料，光照增加2小时
	175	停止自由采食贝壳粉

二、产蛋期的饲养管理

产蛋期指从22周龄至淘汰（66周龄左右），分产蛋前期、高峰期和后期3个时期。

● 产蛋期的饲养要点

➢ 补充钙质　可在饲粮中添加或单独添加。

➢ 饲喂方法　一般产蛋开始自由采食；产蛋高峰后实行限制饲喂，防止母鸡过肥。

从鸡群开产到产蛋高峰采用自由采食，但根据体重及产蛋率的变化调整饲料喂给量

产蛋前期和高峰期肉种鸡的饲料供给

（白世平）

产蛋后期肉种鸡的饲料供给

（白世平）

➢ **产蛋后期饲养**　减少饲料量，适当增加饲料中钙和维生素D的含量，适当添加应激缓解剂，添加0.1%～0.15%氯化胆碱防止产蛋鸡肥胖。

● **管理要点**

➢ **适当密度**　全地面垫料平养为4～5只/米^2，板条床面与地面垫料混合平养为5～6只/米^2，立体笼养为8～12只/米^2。

➢ **料槽位置**　如用饲料传送机喂料，每只鸡要有10厘米的采食空间；如用饲料吊桶喂料，每20只鸡要有1个大型吊桶。

料槽的位置　（张克英）

➢ **环境控制** 适宜温度为13 ~ 23℃，通风量、风速等基本要求与育成鸡舍相同。

水帘降温系统 （白世平）

排风扇系统 （白世平）

➢ **产蛋箱** 鸡舍内每4 ~ 5只鸡应有一个产蛋箱，产蛋箱底部应高出地面60厘米。

产 蛋 箱 （张克英）

第四节 种公鸡的饲养管理

一、育雏、育成期的饲养管理

● **选雏** 选择符合品种特征，体格健壮，精神活泼，反应灵敏，

叫声清脆，卵黄吸收好，绒毛整洁且生殖器突起比较明显的小公鸡作为种用。选留比例为公、母1∶5左右。

● **体重、均匀度的控制** 从第二周开始，每周称重。根据称重结果，分群饲养，合理调整饲喂量，直至达到预期的体重和均匀度控制目标。

肉种公鸡称重后分群饲养

（白世平）

● **雏鸡管理**

➢ **剪冠** 1～7日龄进行，用眼科小剪，凹面向上，非必需时可不做。

剪 冠

（尹华东）

➢ **截趾** 6～9日龄进行，切断内趾尖和后趾尖。人工授精的种公鸡可不进行截趾。

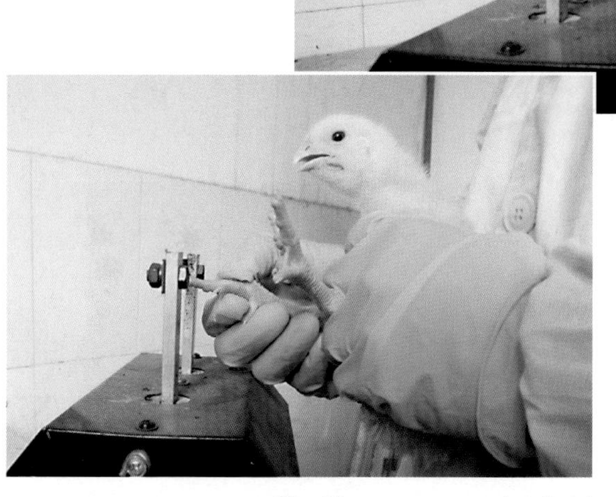

截 趾 （尹华东）

➢ **育雏末选留淘汰** 6～8周龄进行第2次选留淘汰，选留比例以1∶8为宜。

选择精神好、体重大、
鸡冠发育明显而且鲜
红的公鸡留作种用

种公鸡育雏末的选留 （白世平）

● 育成期的饲养管理

➢ **采用科学的限饲方法** 小公鸡应当在6周龄开始限制饲养，一般采用限量法。每周内要抽检10%的鸡只称重，与标准体重比较，以确定给料量。

种公鸡育成期限饲 （尹华东）

➢ **提高体形的匀称性** 体形均匀度控制期为前12周，通过测量胫骨长度来检测，理想胫骨长度在12～13厘米。

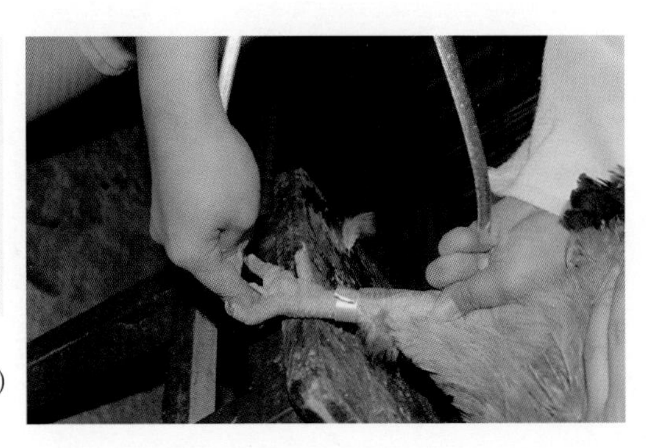

种公鸡胫长监测（尹华东）

➢ **提高性成熟均匀度**　13 ~ 24周为性成熟均匀度的控制期，一般要求种公鸡在育成期末比母鸡体重高出30％，均匀度在80％以上。

➢ **育成期末的选留**

姿态雄壮，胸肩宽阔，肌肉发达；双目有神，冠大而红，骨骼坚实，羽毛光润

育成期末种公鸡的选留

（白世平）

二、成年种公鸡的饲养管理

● **单笼饲养**

（尹华东）

● **温度与光照**　成年公鸡在20 ~ 25℃、光照时间12 ~ 14小时环境下，可产生理想的精液品质。

● **体重检查**　应每月检查一次体重，凡体重降低在100克以上的公鸡，应暂时停止采精或延长采精时间间隔，一般5 ~ 7天采精一次，并另行饲养。

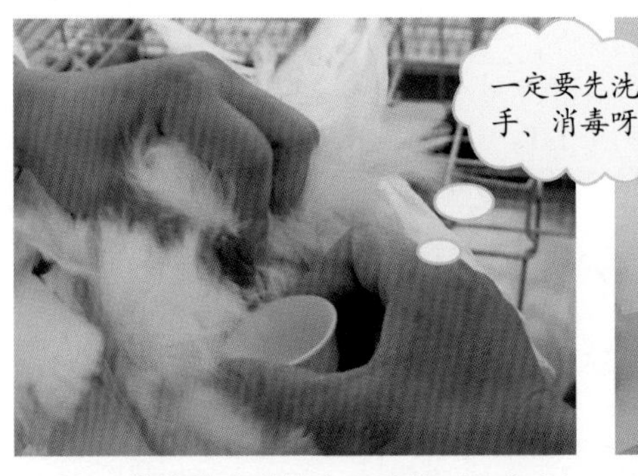
一定要先洗
手、消毒呀

笼养种公鸡的人工采精（尹华东）

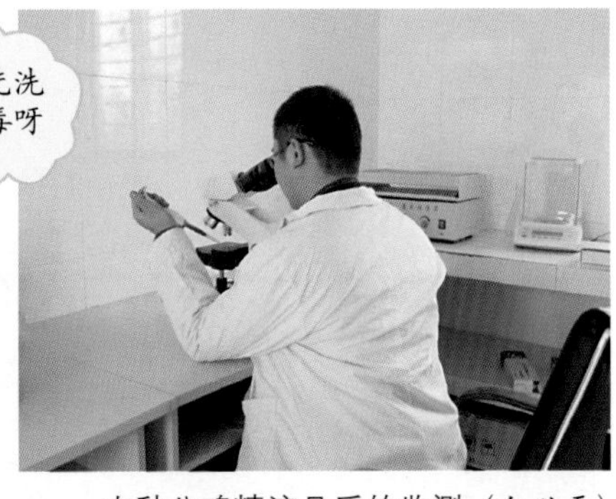

肉种公鸡精液品质的监测（白世平）

● **诱使公鸡活动** 采用地面垫料和板条高床相结合的饲养方式可促使公鸡不断地运动，也可在供应饲料时将谷粒饲料撒在垫料上，诱使公鸡抓刨啄食，增加运动量。

通过地面垫料和板条高床饲养方式增加种公鸡的运动量（张克英）

我性成熟后可
就只有2年的
好光景

注意种公鸡的利用年限（尹华东）

● **利用年限** 种公鸡最多用2年。性成熟后第1年的生活力最强，受精率最高，生产场一般只利用1年便淘汰。

5 第五章　肉鸡的饲养管理

肉鸡饲养管理的基本原则：全进全出，控制适当的密度，安静的环境（肉鸡胆小）、最大限度减少应激，定期清扫和消毒，观察和记录鸡群状态，做好防疫工作，适时进行鸡群的周转。

第一节　饲养管理技术

一、饮水

● **确保饮水**　雏鸡进场后首先确保饮水，以防鸡脱水。训练雏鸡饮水可让鸡头抬起，接触自动乳头饮水器。

训练雏鸡饮水方法：用手轻轻抓住雏鸡，用手指按下鸡的头去点下水

训练雏鸡饮水　　（丁雪梅）

● 及时调整饮水管线高度，确保鸡饮水

（郑 萍）

网上平养饮水 （郑 萍）

二、饲喂

● **开食**　雏鸡进场后要及时开食。1～3日龄雏鸡较小，可在笼内放置开食盘，以确保采食。随着雏鸡日龄增加，可撤除开食盘，以减少饲料损耗。

笼　养　　（郑　萍）

放置开食盘，利于雏鸡采食

雏鸡开食　　（丁雪梅）

● **及时调整料桶高度**

饲料放得太矮，我只能趴着吃了

垫料平养采食　　（郑　萍）

垫料平养采食高度 （白世平）

● **饲喂量** 最好自由采食。注意：添加量要少给勤添，不要超过料槽的2/3高度。

● **饲料形态** 雏鸡最好用破碎料或小颗粒料，中后期最好用颗粒料。粉料增加饲料浪费。

三、饲养密度

肉鸡饲养密度应考虑每平方米面积养鸡数量，每只鸡占有的食槽位置，每只鸡占有的饮水位置。

饲养密度

体重（千克/只）	肉鸡饲养密度（只/米^2）	
	垫料平养	网上平养
1.4	14	16
1.8	11	14.5
2.3	9	14
2.7	7.5	12
3.2	6.5	9
体重（千克/米^2）	20	27

适宜密度（郑　萍）

密度太大（张克英）

面积、食槽和饮水器密度要求

项　目	密度要求
肉鸡饲养密度（只/米²）	入雏时30～50只，以后控制在合理范围内
食槽	第一周1～2个料盘（大盘1个，小盘2个） 食槽：5厘米/只 料桶：前期 每50只1个大料桶；后期20～40只1个大料桶
饮水器	饮水器：前2周70只1个饮水器（容量4千克） 水槽：2厘米/只 圆钟式自动饮水器：120只1个

四、环境控制

● **温度**　第一周以32～35℃为好，以后平均每周降低3℃，到20～21℃保持恒定。

● **湿度**　第一周65%～70%，第二周及以后55%～65%。

● **光照**　时间和强度以保证肉鸡能够进行采食、饮水即可。

肉鸡适宜光照时间和强度

周龄	1	2	3	4	5	6	7	8
时间（小时/天）	23（3天后）	23	23	23	23	23	23	23
强度（瓦/米²）	2.5～3.0	1.5～2.0	1.0～1.5	1.0～1.5	1.0～1.5	1.0～1.5	1.0～1.5	1.0～1.5

● **通风** 第1～2周龄可以以保温为主适当注意通风，3周龄开始适当增加通风量和通风时间，4周龄以后，则以通风为主，特别是夏季，冬季除外。

门窗打开，通风换气
太热了，用风扇凉快一下

垫料平养温度控制 （郑 萍）

温度监测 （郑 萍）

五、垫料管理

● **垫料种类及厚度** 垫料要求松软、吸水性强、新鲜、干燥、未霉变，厚度10厘米以上。

● **垫料补充或更换** 可中途补充部分新鲜垫料；水槽下面及料桶周围的垫料已打湿结块，可进行更换。

（郑 萍）

六、饲养管理规程

饲养管理规程是养殖场规范饲养管理的指南。

日常饲养管理规程

观察指标	要　求	禁　止	措　施
鸡场入口	设立更衣和消毒通道	外人随便进入	
鸡舍入口	设立消毒盆，检查有无消毒液	随便乱窜鸡舍	
鸡群分布和状态	判断温度是否适宜、密度是否合适		鸡拥挤、靠近热源时，说明舍温过低，应及时加热；鸡只分散、张嘴呼吸时，应及时关闭热源、开窗降温
料槽和料桶	是否有饲料和判断采食是否正常,高度是否合适,饲料浪费是否严重		
饮水器	观察鸡只是否正常饮水，饮水器有无水，饮水管线是否堵塞或漏水		
粪便	是否正常，有无拉稀、绿便、血便等		
空气质量	是否清新和需要开窗换气		冬季特别注意换气和保温，夏季特别注意降温
光照	是否合适，有无啄肛、啄羽发生		
鸡群健康	观察鸡群是否委靡、无精神，有无死亡、腿病发生		及时淘汰病鸡，剖检和分析病因，及时采取预防和治疗方案
记录表格	检查耗料、用药、死亡、温湿度等记录情况		

温度适宜

（张克英）

温度偏高 （张克英）

温度偏低 （张克英）

淘汰生长差的个体 （张克英）

及时淘汰有腿病的鸡 （张克英）

（张克英）

肉鸡粪便观察 （郑　萍）

第二节　放养肉鸡的饲养管理技术

放 养 方 式 及 要 求

	舍养、放养结合	半开放式放养	全开放式放养
特点	前期1～3周采用笼养或平养；3周龄后进行放养	以舍养为主，结合放养，放养面积小，放养面积：舍内面积为1：（1～2）	放养面积大，舍内面积：放养面积为1：2以上
鸡舍要求	同平养或笼养舍		
放养场地要求	➢ 放养场地面积适宜，通风，干燥，遮阳，不积水 ➢ 搭好栖架，可让鸡休息 ➢ 场地可用铁丝网或竹片分隔，便于分群饲养或轮换放养		
注意	➢ 注意气候变化：下雨天、大风天、场地积水等不宜放鸡 ➢ 夏季放养：一般从25日龄左右即可放养，直到上市为止 ➢ 冬季放养：在40日龄后的中鸡才可以室外放养，室外放养要选择晴天中午进行 ➢ 注意时间：鸡刚放养时，时间不宜过长，以后可以逐步延长放养时间 ➢ 注意分群放养：防止鸡群均匀度差；发现啄羽、啄肛鸡及时挑出 ➢ 注意轮换放养：利于放养场地的植物生长 ➢ 饲料供给：特别注意给放养肉鸡科学搭配饲粮，提供足够的饲料 ➢ 果树施农药时，不要放养鸡 ➢ 注意天敌的防御和消除，如老鼠、蛇、鹰、黄鼠狼和野猫等		

天气好时，鸡可通过墙壁上的出口放出来

半放养鸡舍　　　　（张克英）

放养鸡群的舍内面积过小

（张克英）

放养场地平整、
干燥、不积水、
有遮阴树

开放式放养（郑　萍）

竹片漏缝和隔离

放养鸡群的休息室（张克英）

竹林下放养（张克英）

铁丝网分隔

竹林下放养鸡（张克英）

6 第六章　肉鸡疾病控制

第一节　卫生与消毒

一、常用消毒剂的选择

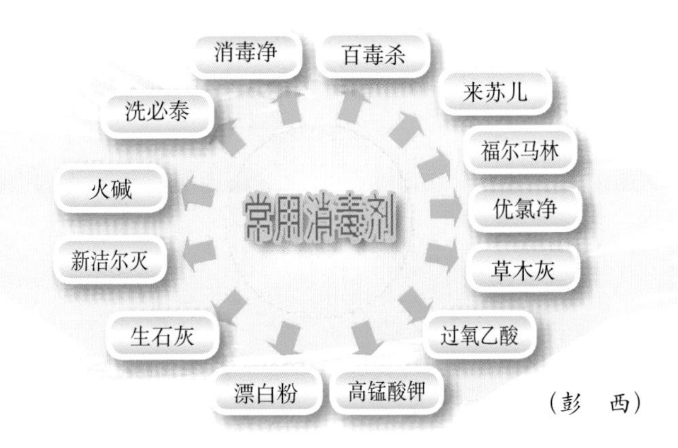

（彭　西）

二、人员卫生及消毒

● 要求

➢ 工作人员身体健康，无人兽共患病。

➢ 门口设消毒池或消毒盆，对进出车辆和人员消毒。

（彭　西）

➢ 进鸡舍前更换干净的工作服和鞋。

➢ 进入消毒通道或消毒室，地面用碱水消毒，顶上安装紫外线灯或喷雾装置，进行消毒。

（彭　西）

（彭　西）

三、鸡舍卫生及消毒

冲洗：用高压冲洗机彻底冲洗

（彭　西）

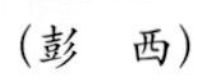

用3%～5%石灰水泼洒鸡舍地面、墙壁（1米以下）

（彭　西）

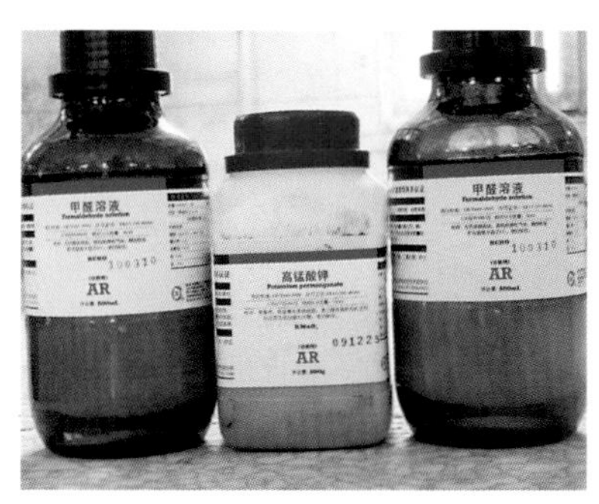

熏蒸：关闭鸡舍门窗，按每平方米空间40毫升福尔马林和20克高锰酸钾熏蒸鸡舍、设备和垫料等

（彭　西）

四、养鸡设备及用具的消毒

洗净：彻底刷洗料槽和水槽

（彭　西）

浸泡：用高锰酸钾液浸泡消毒

（彭　西）

养鸡设备及用具用自来水清洗干净、晾干、放入鸡舍，进行熏蒸消毒。

自动饮水线消毒：

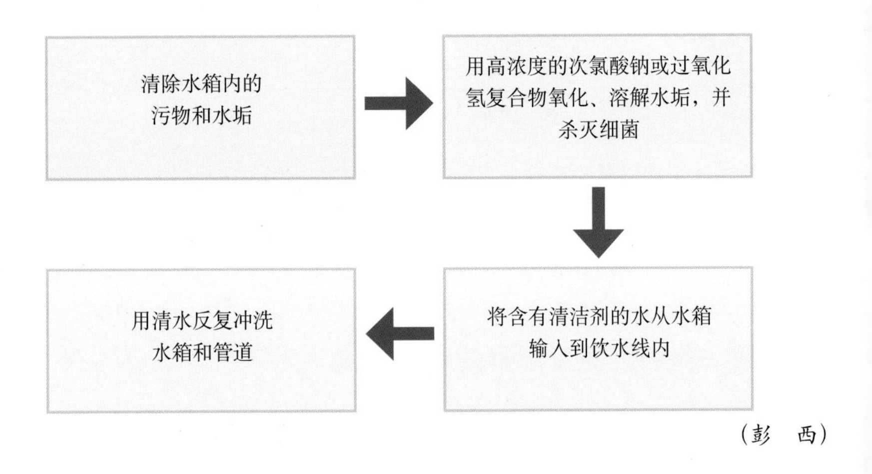
清除水箱内的污物和水垢
用高浓度的次氯酸钠或过氧化氢复合物氧化、溶解水垢，并杀灭细菌
将含有清洁剂的水从水箱输入到饮水线内
用清水反复冲洗水箱和管道

（彭　西）

▲ 注意　氧化剂和清洁剂在水箱及饮水线内最少保留4小时。

第二节　疫病的防控

一、免疫接种

● 免疫接种的常用方法　点眼、滴鼻、翼下刺种、羽毛涂擦、皮下注射、肌内注射、饮水法、气雾法等。

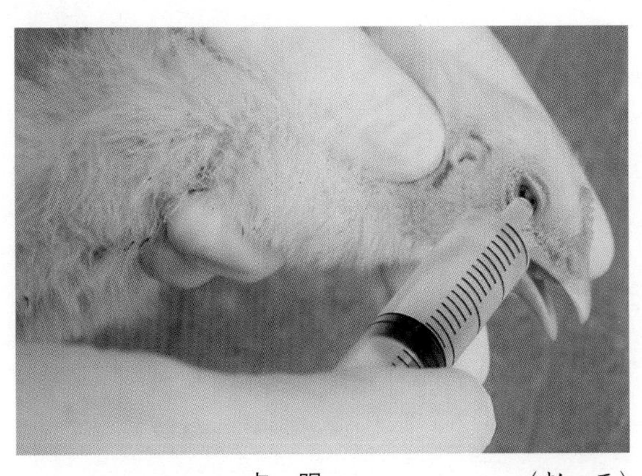

点　眼　　（彭　西）

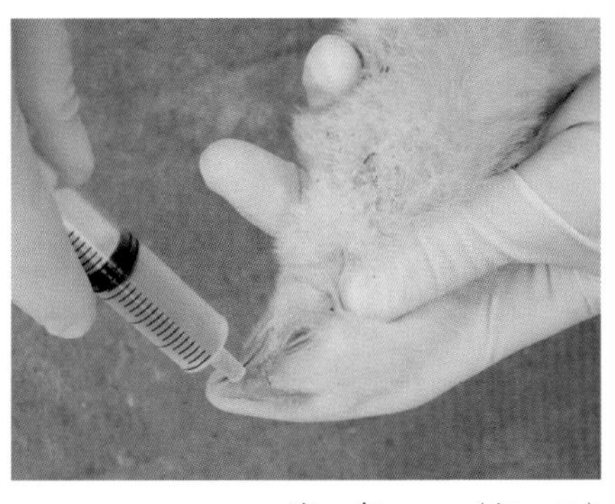

滴　鼻　　　（彭　西）

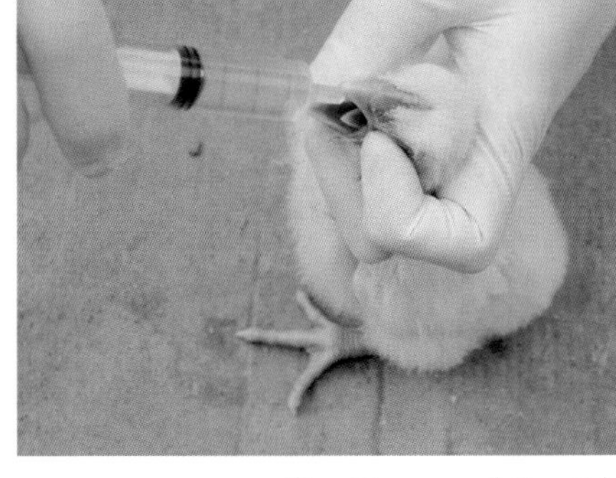

滴　口　　　（彭　西）

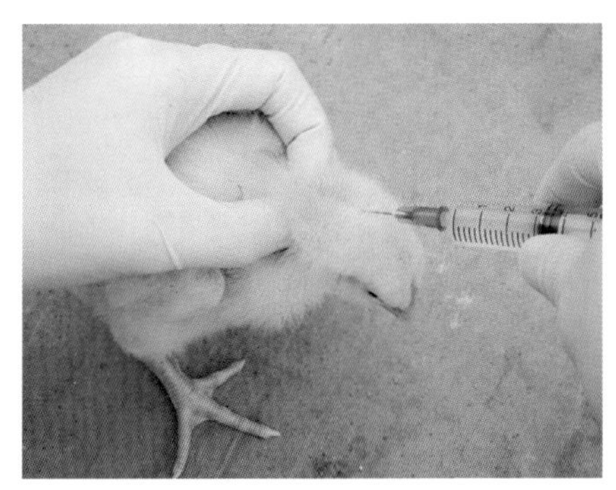

颈部皮下注射　　　（彭　西）

胸部肌内注射　　　（彭　西）

● **免疫程序**　根据鸡场实际情况制定合理的免疫程序。常规免疫防治的疾病包括马立克氏病、传染性支气管炎、传染性法氏囊炎和鸡新城疫等。

商品肉鸡的免疫程序（适用于鸡新城疫清净地区安全鸡场）

序　号	鸡的日龄	免疫项目	疫苗类型	用法用量
1	4	传染性支气管炎	H120	点眼、滴鼻或饮水
2	10	鸡新城疫	Ⅱ系、Ⅳ系或N-79	点眼、滴鼻或饮水
3	18	传染性法氏囊病	中等毒力弱毒苗	点眼、滴鼻或饮水
4	28	传染性法氏囊病	中等毒力弱毒苗	点眼、滴鼻或饮水
5	30	传染性支气管炎	H52	点眼、滴鼻或饮水
6	35	鸡新城疫	Ⅱ系、Ⅳ系或N-79	点眼、滴鼻或饮水

商品肉鸡的免疫程序（适用于受鸡新城疫威胁或流行地区的鸡场）

序　号	鸡的日龄	免疫项目	疫苗类型	用法用量
1	1	马立克氏病	火鸡疱疹病毒疫苗	二个免疫剂量肌内注射
2	4	传染性支气管炎	H120	点眼或滴鼻
3	10	鸡新城疫	Ⅱ系、Ⅳ系或N-79，油乳剂灭活苗	点眼、肌内注射(0.5头份)
4	18	传染性法氏囊病	中等毒力弱毒苗	饮水
5	28	传染性法氏囊病	中等毒力弱毒苗	饮水
6	30	传染性支气管炎	H52	饮水或点眼

二、药物防治

药 物 保 健 程 序 表

日　龄	药物成分	使用方法	目的及注意事项
1 ~ 5	多维+葡萄糖	饮水	防应激
	抗生素如氟苯尼考、支原净	饮水	防大肠杆菌和沙门氏菌、支原体等，疾病严重时注射
10 ~ 12	抗生素如阿莫西林+泰乐菌素	饮水	防沙门氏菌、大肠杆菌、支原体等
15 ~ 18	抗球虫药	饮水或拌料	驱球虫
25 ~ 27	抗生素 如头孢噻呋+泰乐菌素	饮水	防沙门氏菌、大肠杆菌、支原体等
	抗球虫药	饮水或拌料	驱球虫
35 ~ 40	抗生素如替米考星、阿奇霉素等	饮水或拌料	防大肠杆菌病，同时加多维缓解应激
	抗球虫药	饮水或拌料	驱球虫
50 ~ 55	抗生素如环丙沙星	饮水或拌料	
	抗球虫药	饮水或拌料	驱球虫
80	抗生素如新霉素	饮水或拌料	防细菌病
110	抗生素如氟哌酸	饮水或拌料	防细菌病
	依维菌素	饮水或拌料	驱虫，同时使用外寄生虫杀虫剂

注：1 ~ 20日龄每天添加抗应激药物如电解多维等；免疫尤其是注射免疫后添加抗应激药物1 ~ 2天。

▲注意

➢ 某些药物用量过大或长期使用可能引起中毒。

➢ 在屠宰前15～20天不宜使用药物，避免在肉中残留。
➢ 防止细菌产生耐药性。
➢ 拌料或通过饮水给药时，应充分混匀，保证足够的食槽或饮水器。
➢ 治疗用药时，最好使用经药敏试验测定的敏感药物。

第三节　疾病的诊断和治疗

一、疾病的诊断

● **临床观察**　了解饲养管理情况、常规用药、免疫情况和病史。

➢ 体况和外观　仔细观察鸡的体况和外观，确定有无异常、行动失调、震颤或麻痹等神经症状、失明和呼吸方面的症状。

➢ 体表　检查体表、皮肤、喙、鼻和眼部分泌物等，判断有无外寄生虫、腹泻、脱水及营养缺乏状况。

（彭　西）

（彭 西）

➢ 采血 备测血清学指标。血样可从颈静脉、翅静脉或心脏采取，注意无菌操作，如怀疑血液寄生虫，应用干净玻片制成全血涂片。

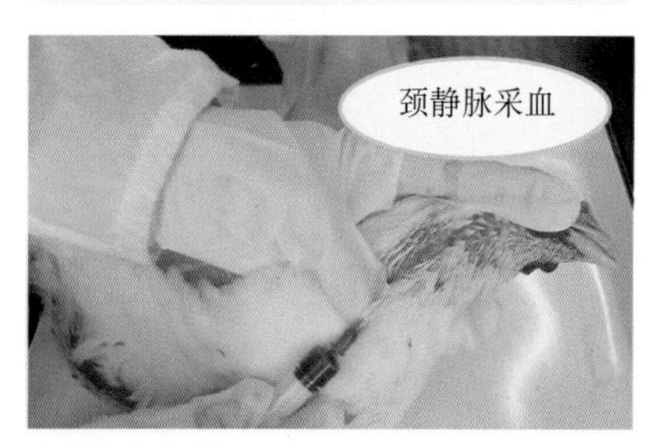

（彭 西）

● **病理剖检** 用断颈、电死或颈静脉放血等方法处死病鸡，进行病理剖检。

▲ **注意** 对所有实质器官，均需注意表面和切面的病变；对管腔状器官，需注意腔内容物性状和浆膜、黏膜的变化。

▲ **步骤**

➢ 颈静脉放血，处死病鸡。

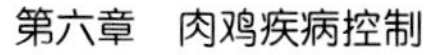

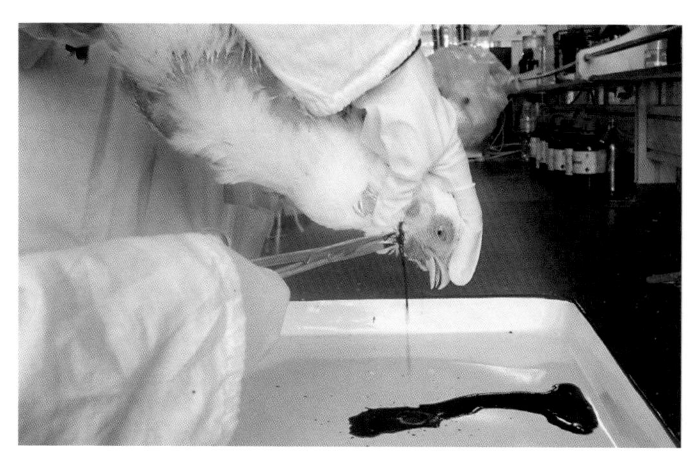

➢ 背位仰卧，分离股骨头和髋臼，使两腿平放。切开皮肤，暴露身体腹面。

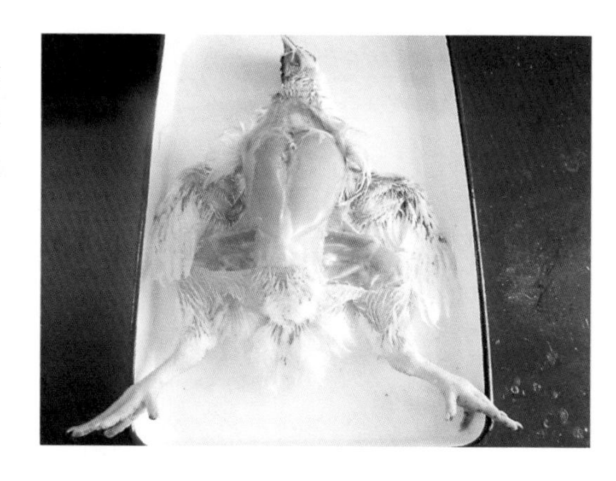

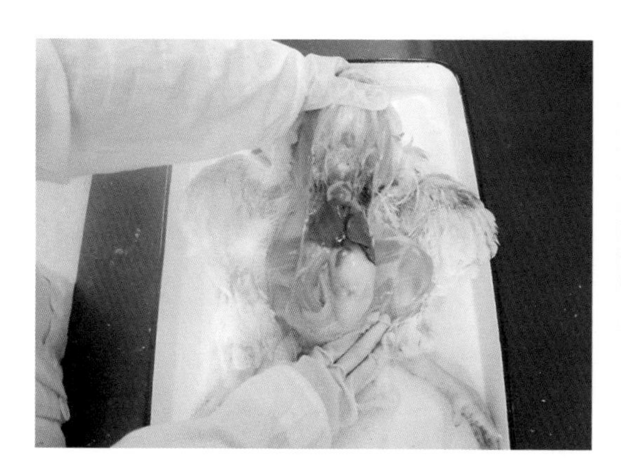

➢ 从泄殖腔至胸骨后端纵行切开体腔。用骨剪剪断体壁两侧的肋骨，再剪断喙骨和锁骨，揭开胸骨，暴露体腔内所有器官。

➢ 先将心脏连心包一起剪离，再采出肝。

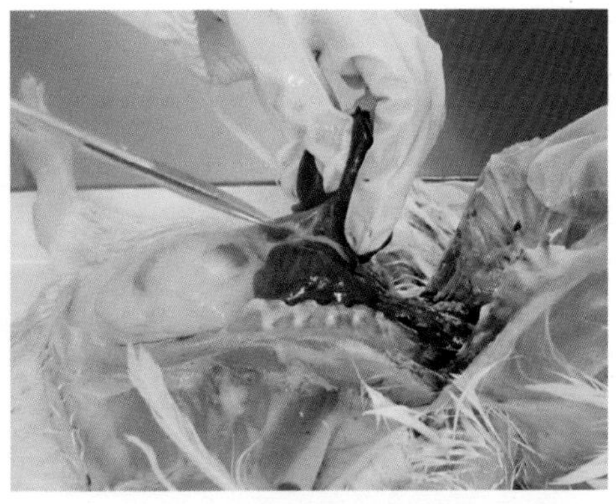

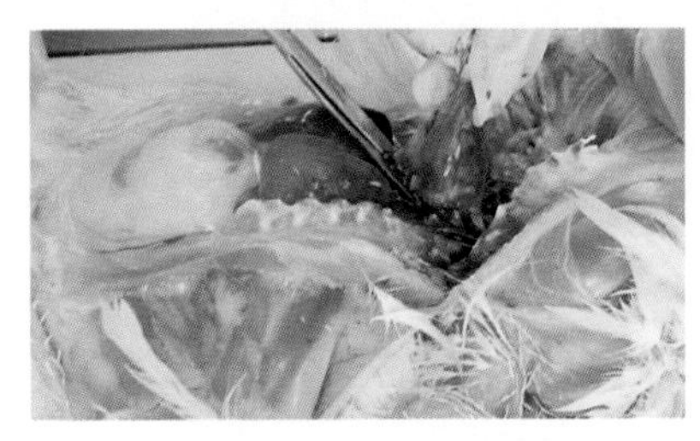

➢ 然后将肌胃、腺胃、肠、胰腺、脾脏及生殖器官一同采出。

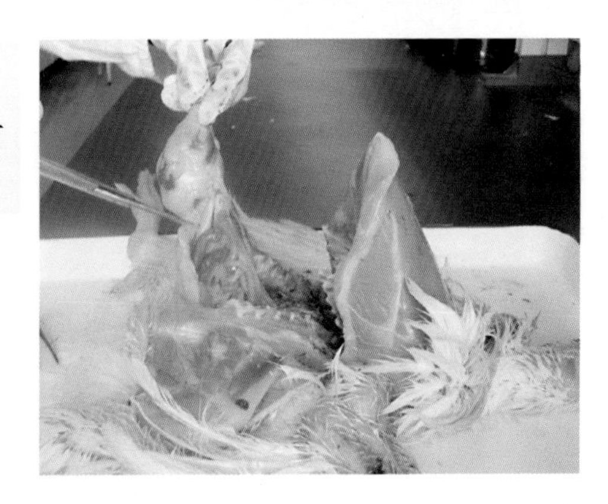

➢ 肺脏和肾的凹陷部，可用外科刀柄钝性分离。

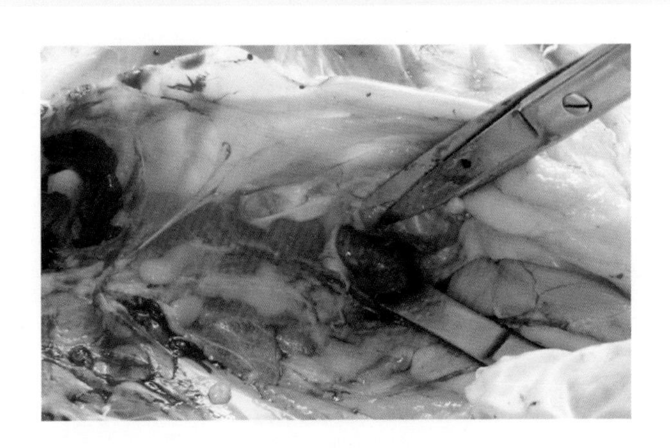

➢ 用剪刀剪下颌骨，剪开食道、嗉囊。

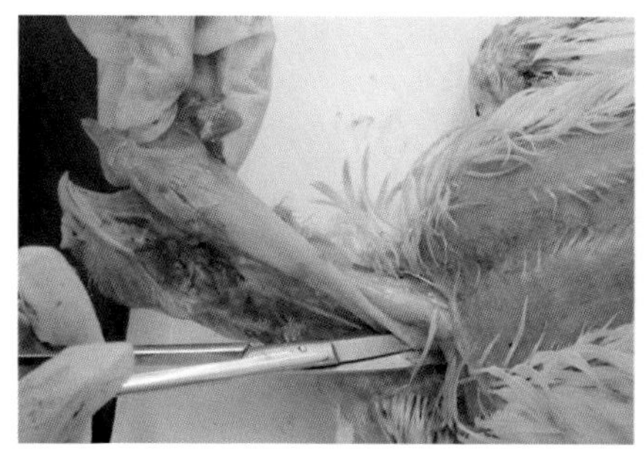

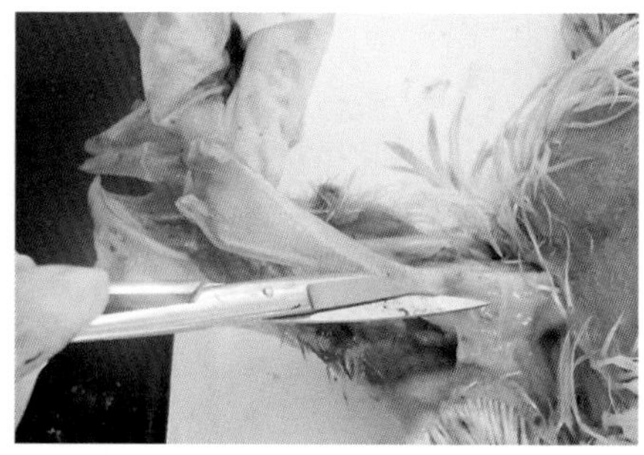

➢ 剥离头部皮肤，再剪除颅顶骨，即可露出大脑和小脑，然后轻轻剥离前端的嗅脑、脑下垂体及视神经交叉等。

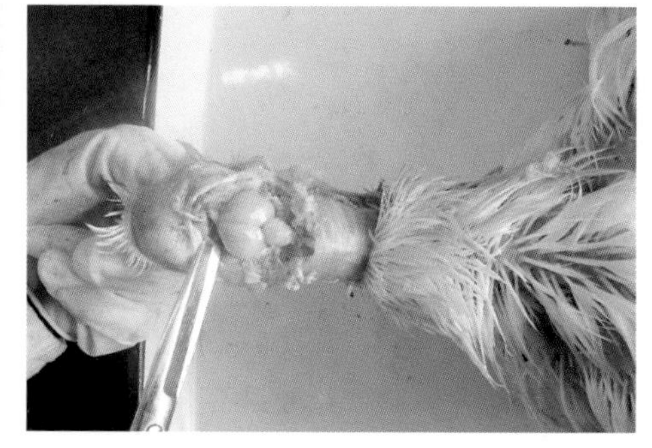

（彭　西）

● 病料送检

➢ **病理检查材料**　应及时浸泡在固定液（常用10%中性福尔马林）中，送交病理实验室。

（彭　西）

➢ **组织样品** 如眼观病变表明有菌检的必要，则采取大块组织样品，置培养皿内送交细菌实验室；如疑似感染弧菌，可取胆汁进行细菌培养；如疑为病毒性疾病需做病毒培养，可用无菌剪刀和镊子无菌采取靶器官，置消毒平皿中送检。

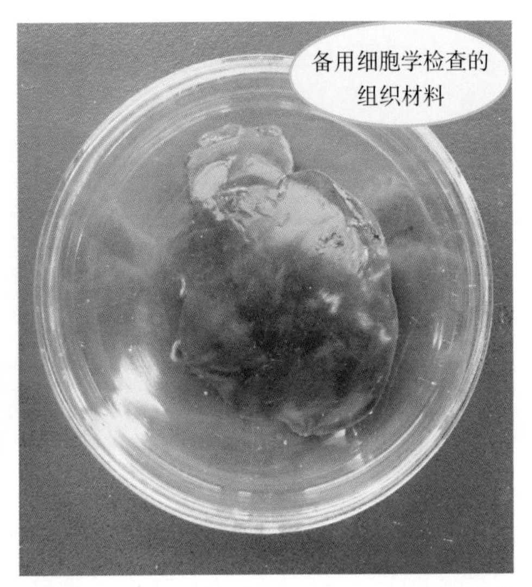

（彭 西）

二、疾病的治疗

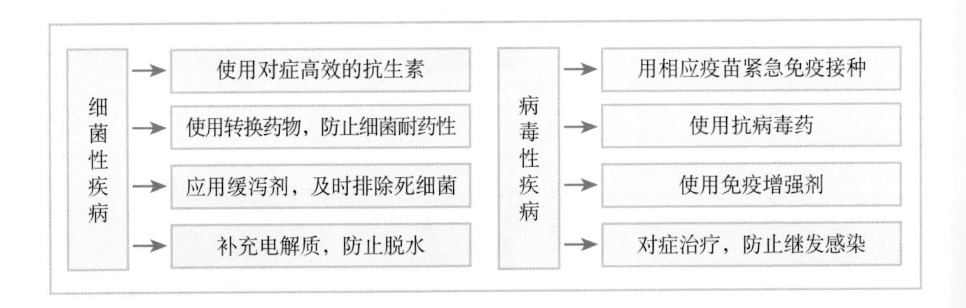

三、疫病发生的应急措施

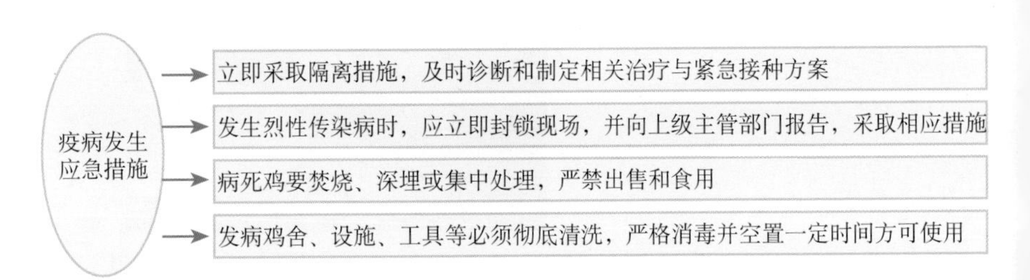

疫病发生
应急措施
立即采取隔离措施，及时诊断和制定相关治疗与紧急接种方案
发生烈性传染病时，应立即封锁现场，并向上级主管部门报告，采取相应措施
病死鸡要焚烧、深埋或集中处理，严禁出售和食用
发病鸡舍、设施、工具等必须彻底清洗，严格消毒并空置一定时间方可使用

第四节　肉鸡的常见疾病

一、大肠杆菌病

大肠杆菌病是由特定血清型大肠杆菌引起的一种传染病。

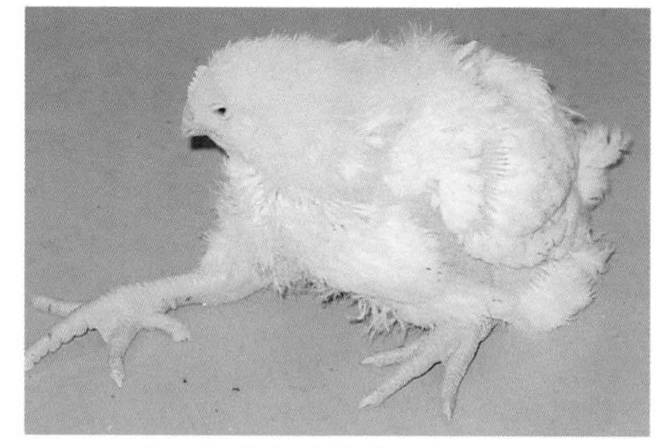

大肠杆菌病鸡精神沉郁　　（彭　西）

● **症状**　病鸡精神不振，鸡冠发紫，羽毛逆立，排黄绿便，饲料转化率低，到后期易继发腹水症。

● **剖检**　临床最常见的病型以纤维素性腹膜炎、心包炎和腹膜炎为特征。幼雏早期常死于脐炎。

● **治疗**　对发生大肠杆菌病的鸡场，在74日龄和100日龄左右，可用多价大肠杆菌灭活菌苗或油剂苗进行免疫预防；用敏感药物进行治疗，常用的如百病消、庆大霉素、磺胺类药物等。

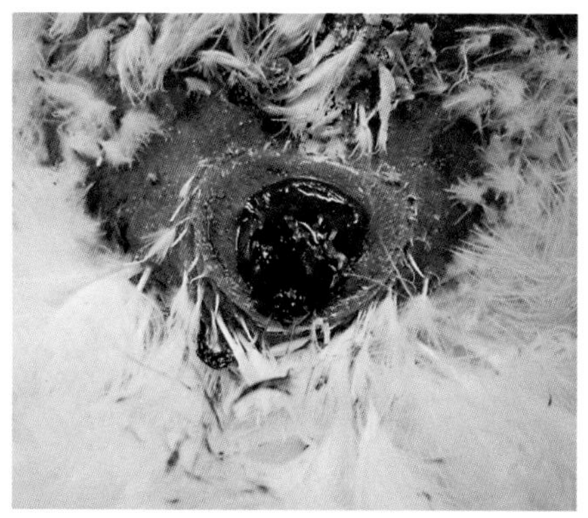

大肠杆菌病鸡排出带血液的粪便（彭　西）

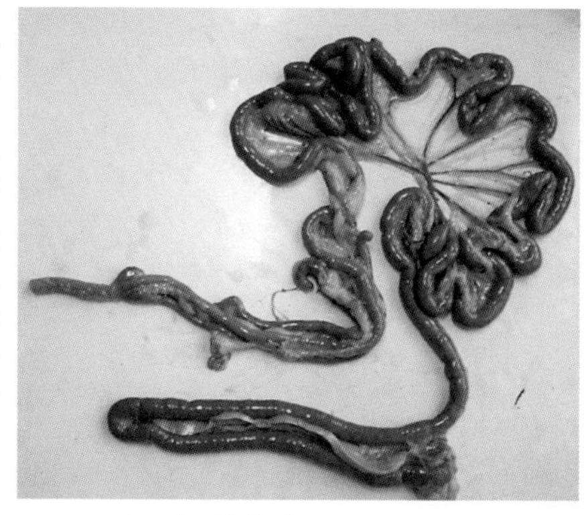

大肠杆菌病鸡肠道出血　（彭　西）

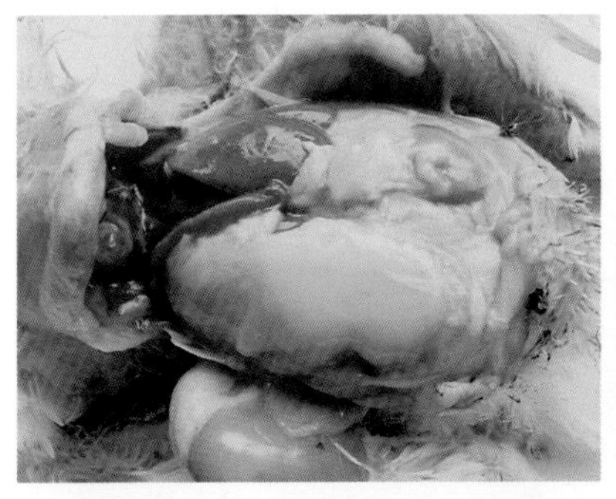

大肠杆菌病鸡肝脏表面的纤维素性渗出物呈油脂状外观 （彭 西）

大肠杆菌病鸡肝脏表面覆有膜性纤维素性渗出物 （彭 西）

大肠杆菌病鸡所致纤维素性心包炎和纤维素性肝周炎 （彭 西）

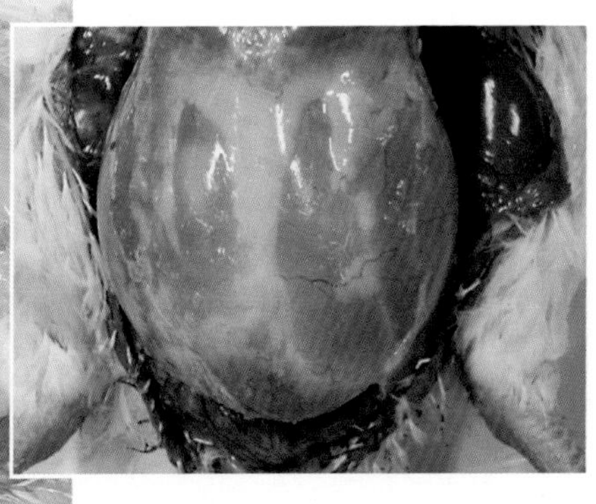

大肠杆菌病鸡引起的腹水症 （彭 西）

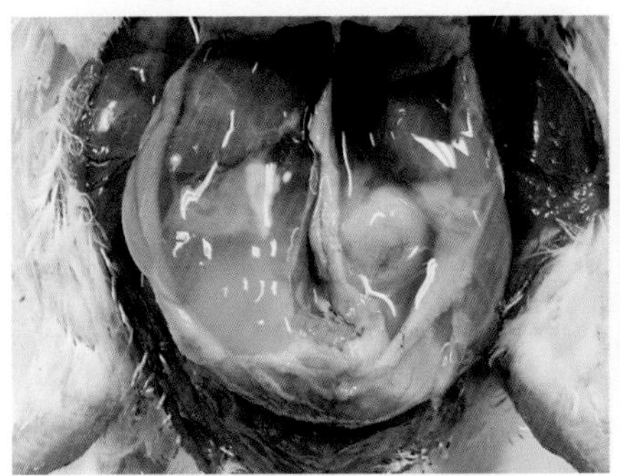

大肠杆菌性腹水症病鸡腹腔内蓄积的胶冻样渗出液 （彭 西）

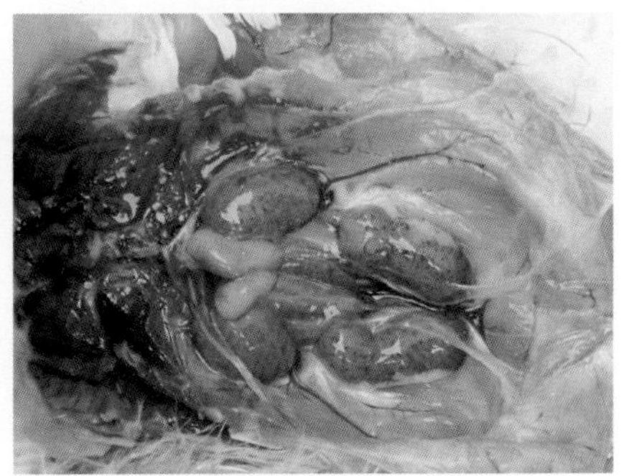

大肠杆菌病鸡肾脏肿大（彭 西）

二、鸡白痢

鸡白痢是由鸡白痢沙门氏菌引起的雏鸡的一种急性败血性传染病。

● **症状**　多见于1～2周龄的雏鸡。特征症状是不食、嗜睡、下痢，排灰白色黏液状稀便，污染肛周羽毛。

● **剖检**　肝脏有少量散在的针尖大的坏死灶，心肌、脾脏和肺脏等器官见有灰黄色坏死灶或灰白色增生结节。

● **预防和治疗**　鸡白痢主要发生在育雏早期，常用敏感药物进行预防和治疗，常用抗生素如百病消、吡哌酸。

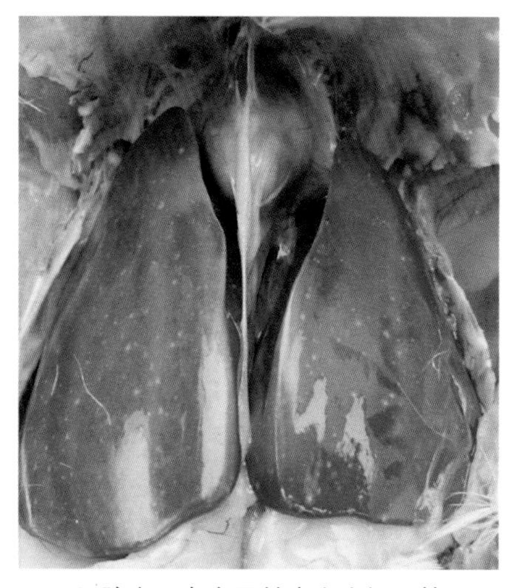

肝脏表面有多量针尖大小坏死灶
（彭　西）

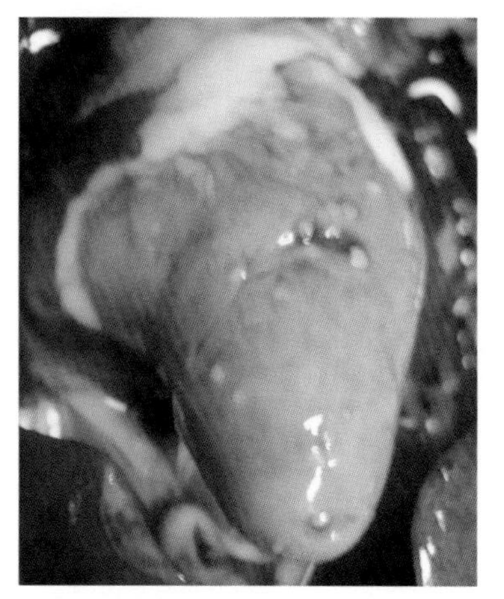

心外膜见有白色小丘状结节
（彭　西）

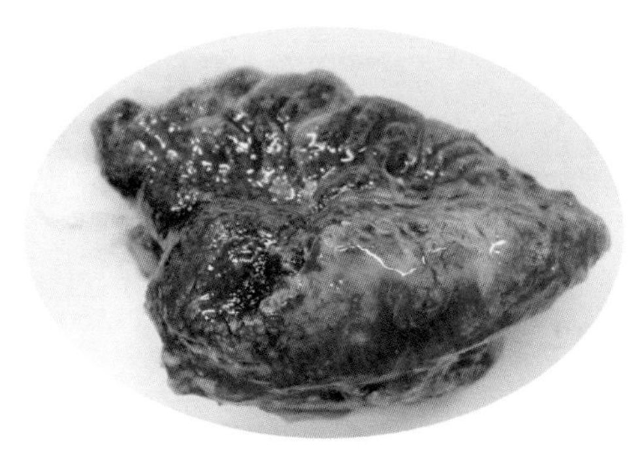

肺脏中形成灰白色、干硬坏死结节
（彭　西）

三、葡萄球菌病

鸡葡萄球菌病是由金黄色葡萄球菌引起的鸡的一种急性败血性或慢性传染病。

● **症状** 可表现为败血症症状、关节炎、雏鸡脐炎和皮肤坏死。

● **剖检** 皮炎型病鸡胸腹部、翅膀内侧皮肤浮肿，有浆液性渗出物，溃烂、恶臭，形成坏疽。关节肿大，关节腔积液。

● **治疗** 鸡群发病后可用庆大霉素、青霉素、新霉素等敏感药物进行治疗，同时用0.3%的过氧乙酸消毒。

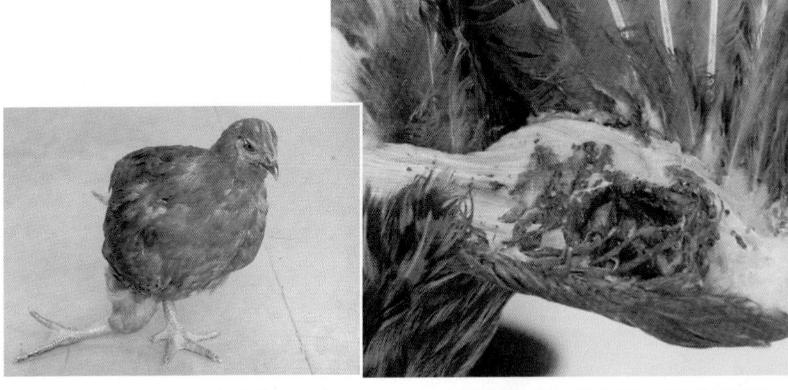

葡萄球菌病鸡发生关节炎，跛行
（彭　西）

翅膀内侧皮肤坏死，形成干性坏疽
（彭　西）

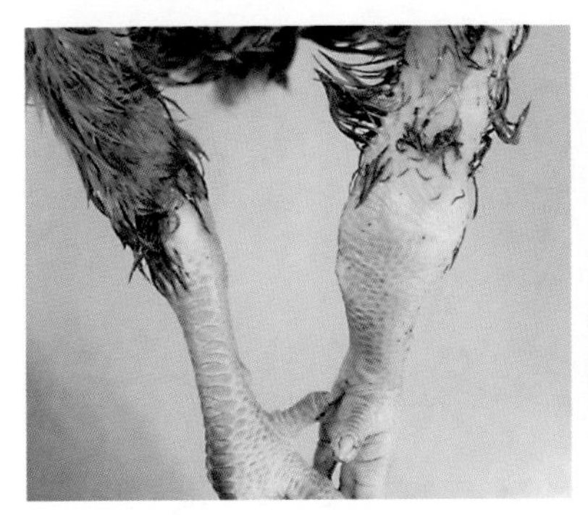

单侧关节显著肿大（彭　西）

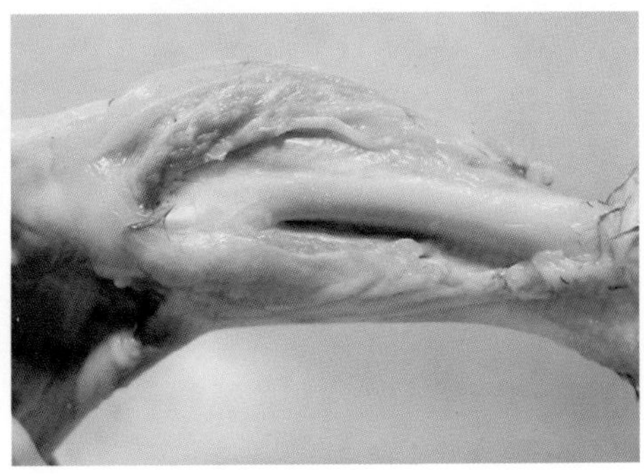

腿部皮肤坏死、脓性溶解，呈黄色（彭　西）

四、鸡痘

鸡痘是由痘病毒导致的鸡的一种急性、接触性传染病。

● **症状** 鸡的无毛或少毛的皮肤上出现痘疹，特别是鸡冠、肉髯、眼睑、喙角和趾部等处。严重者在背部多毛的皮肤上也见有痘疹。

● **预防和治疗** 在高发季节和高污染的鸡场，可在1日龄时对雏鸡进行免疫接种。发病鸡群的治疗常在破溃部位用1%碘甘油治疗，对鸡痘引起的眼炎可用庆大霉素点眼治疗。

鸡痘患鸡的喙角和鼻侧皮肤长有痘疹
（张克英）

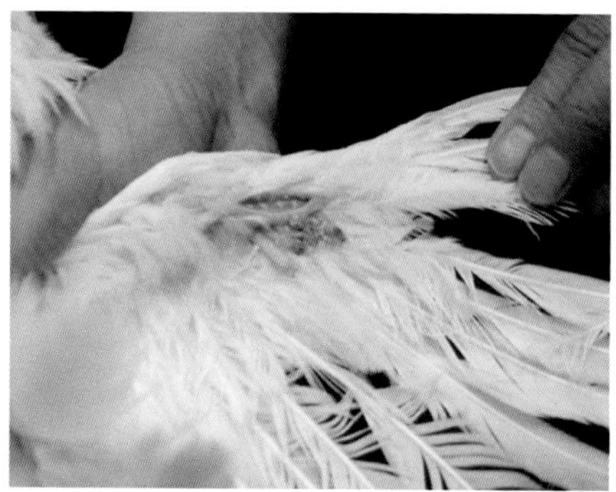

鸡痘患鸡的翅膀内侧皮肤的痘疹
（张克英）

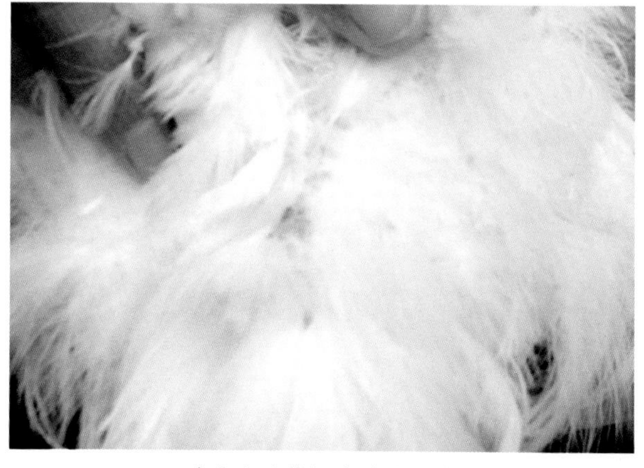

鸡痘患鸡背部皮肤的痘疹 （张克英）

五、鸡新城疫

鸡新城疫又称亚洲鸡瘟，是由副黏病毒引起的鸡的一种急性、高度接触性、烈性传染病。

● **症状** 患鸡体温升高，精神委顿，呼吸困难，冠髯呈蓝紫色，嘴角常流出淡黄色或绿色酸臭黏液。

● **剖检** 腺胃乳头出血，食道和腺胃、腺胃和肌胃交界处黏膜条带状出血或溃疡，十二指肠和小肠段见枣核形溃疡，盲肠扁桃体肿胀、出血和溃疡。

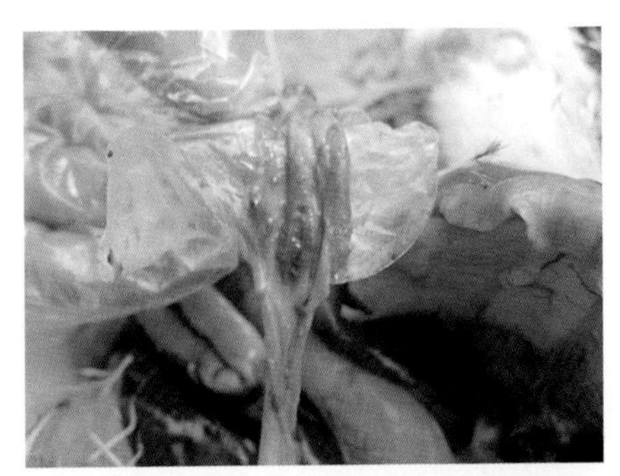

鸡新城疫患鸡小肠段的枣核形溃疡
（彭 西）

● **预防** 严格执行免疫程序。对发病鸡群可用Ⅰ系和Ⅳ系活苗进行紧急免疫接种，饮料中添加多维和抗生素。

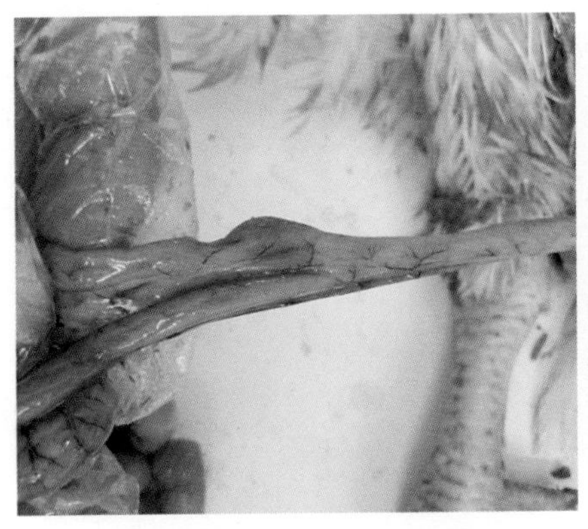

鸡新城疫患鸡盲肠扁桃体肿胀
（彭 西）

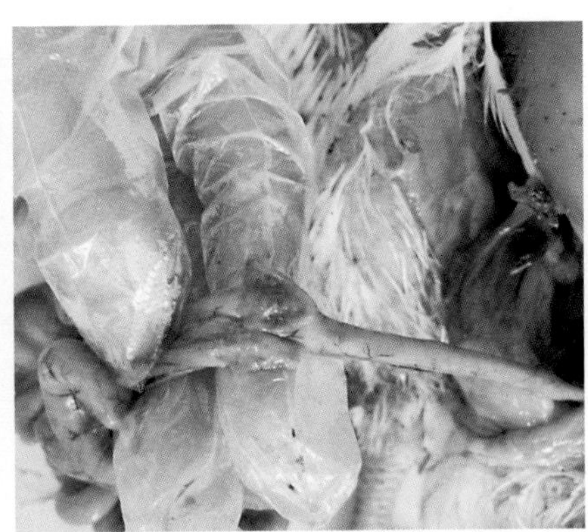

鸡新城疫患鸡盲肠扁桃体出血
（彭 西）

六、传染性支气管炎

传染性支气管炎是由冠状病毒引起的一种急性、高度传染性呼吸道传染病。

● **症状**　该病分为呼吸道型、肾型和腺胃型传染性支气管炎。呼吸型以咳嗽、打喷嚏和气管啰音为特征。

● **剖检**　呼吸道型传染性支气管炎患鸡的气管内有水样或黏稠、透明的黄白色渗出物，肺脏呈暗红色胶冻样；肾型传染性支气管炎的肾脏肿大、尿酸盐沉积；腺胃型传染性支气管炎的腺胃肿胀。

● **预防**　严格做好免疫接种，加强饲养管理。

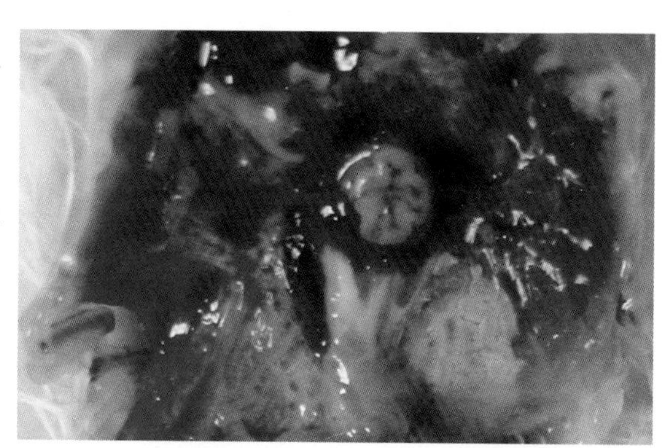

感染呼吸性传染性支气管炎的雏鸡，肺脏局部呈暗红色，并呈胶冻样，质地变实

（彭　西）

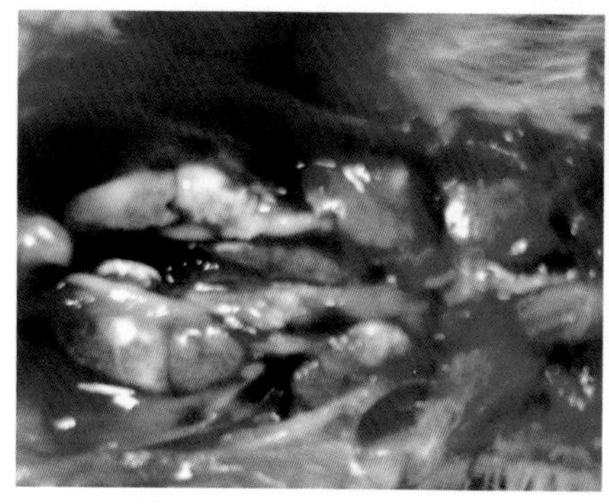

感染肾性传染性支气管炎的雏鸡肾脏肿大，表面附有多量石灰样物质　（彭　西）

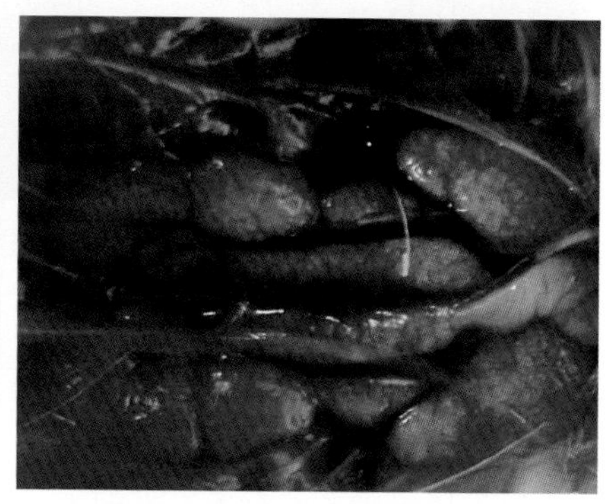

感染肾性传染性支气管炎的雏鸡肾脏肿大，尿酸盐沉积呈花斑状　（彭　西）

七、钙、磷缺乏

以雏鸡的佝偻病、成年鸡的骨软症为特征。

● **症状** 雏鸡生长发育受阻，羽毛生长不良，腿软、站立不稳，易骨折、胸骨变形、肋骨局部有珠状突起，雏鸡胫骨、股骨头疏松。

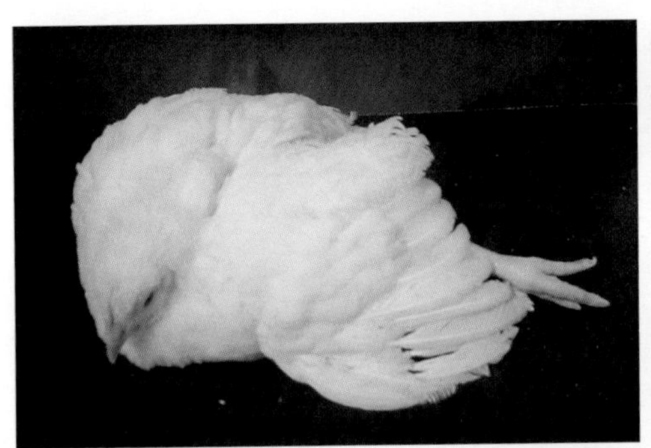

钙缺乏雏鸡腿软，不能站立 （彭 西）

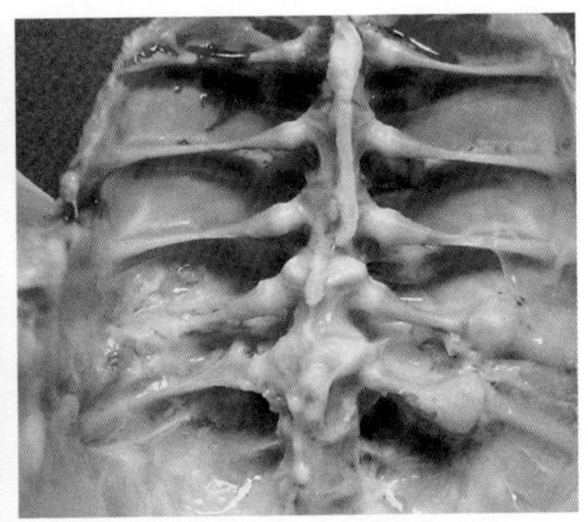

钙缺乏雏鸡肋骨上见佝偻珠 （崔恒敏）

磷缺乏雏鸡俯卧，不能站立 （彭 西）

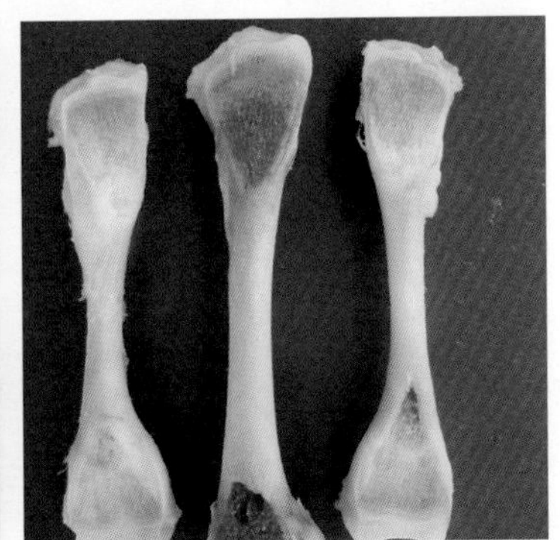

磷缺乏雏鸡胫骨软化（彭 西）

八、硒缺乏

症状与维生素E缺乏症有共同之处，单纯性硒缺乏也会导致胰腺萎缩。

● **治疗**　用0.01％亚硒酸钠的生理盐水肌内注射，也可用0.1％的亚硒酸钠饮水。

● **注意**　应严格控制用量，防止中毒。

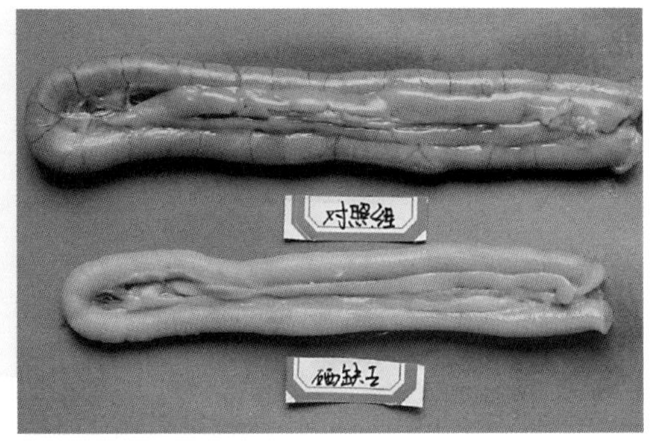

硒缺乏，雏鸡胰腺萎缩，体积缩小、呈黄白色（彭　西）

九、锌缺乏

● **症状**　羽毛发育不良、生长发育停滞、骨骼异常。

● **治疗**　在每千克饲料中添加60毫克氧化锌进行治疗，直至康复。

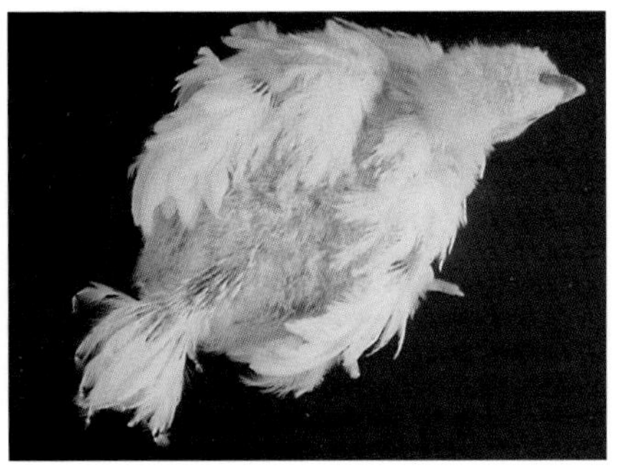

锌缺乏肉雏鸡羽毛发育不良（彭　西）

十、维生素E缺乏

● **症状**　脑软化症（剖检可见小脑软化、水肿，有出血点和灰白色坏死灶）、渗出性素质（病鸡翅膀、颈等部位水肿，皮下血肿，腹部皮肤呈蓝绿色）、白肌病。

● **治疗**　用富含维生素E的植物油或维生素制剂治疗；渗出性素质除补充维生素E外，还应注射亚硒酸钠；白肌病鸡补给维生素E、硒及蛋氨酸。

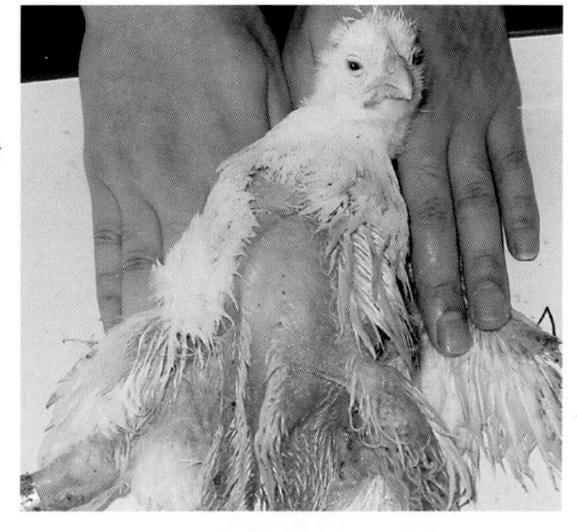

硒-维生素E缺乏致患鸡渗出性素质，腹部皮肤呈蓝绿色 （彭 西）

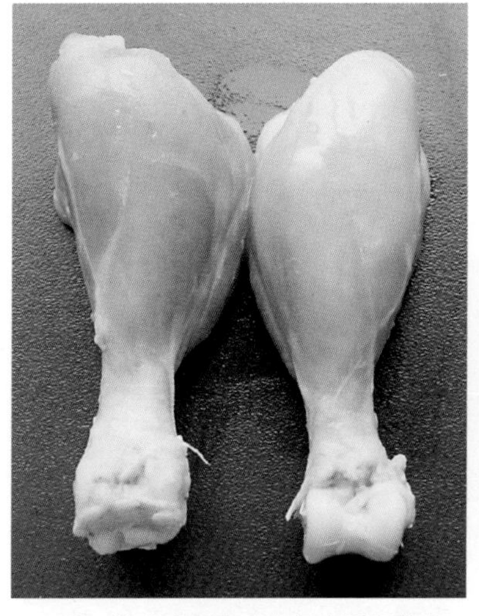

硒-维生素E缺乏致患鸡腿肌苍白（左为正常对照） （彭 西）

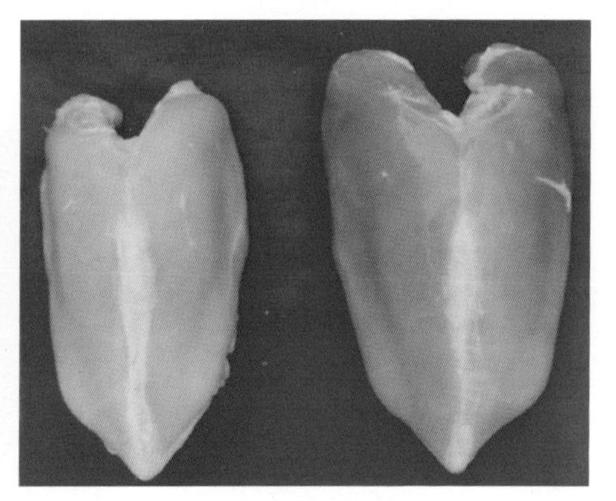

硒-维生素E缺乏致患鸡胸肌苍白（右为正常对照） （彭 西）

十一、霉菌毒素中毒

霉菌毒素由霉菌产生，种类多，常见有黄曲霉毒素、T-2毒素、赭曲霉毒素和玉米赤霉烯酮等。

● **症状** 降低肉鸡增重、饲料利用率、色素沉着、产蛋量和繁殖力，导致免疫抑制等。

● **剖检** 鸡肝脏脂变，色泽变淡呈黄色，质地脆弱易形成血肿；后期发生肝硬化，肝脏表面形成网格状花纹；脾脏肿大、色变淡；肾脏色泽变浅。

● **治疗** 发现鸡霉菌毒素中毒时，应立即停喂霉变饲料；每天早晚饲喂5%葡萄糖和0.2%维生素C营养液。

黄曲霉毒素中毒肉鸡的肝脏色泽变黄，并伴有出血（彭 西）

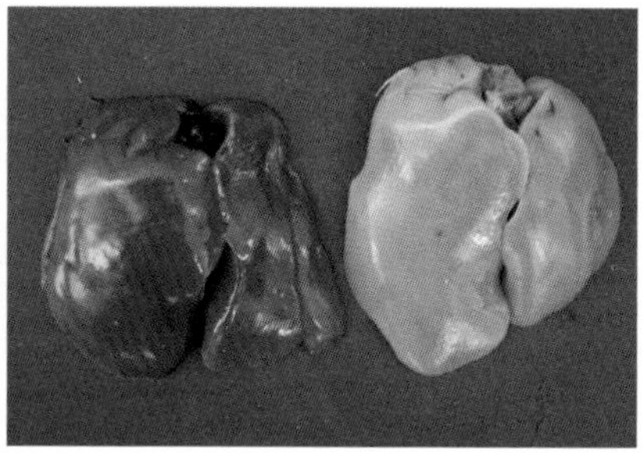

黄曲霉毒素中毒肉鸡的肝脏（右侧）肿大，呈灰黄色（彭 西）

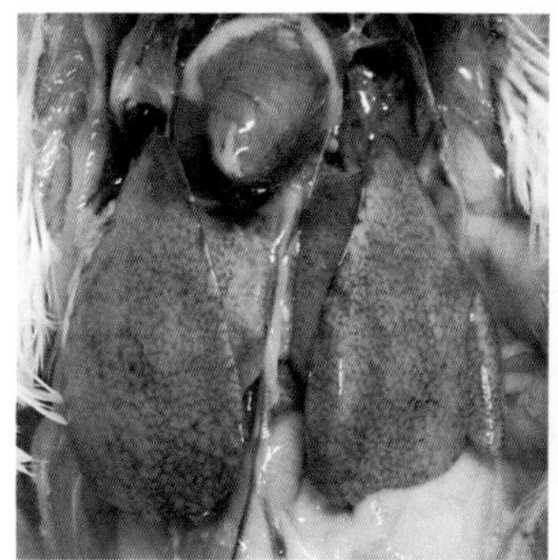

黄曲霉毒素中毒肉鸡的肝脏后期硬化，形成网格状花纹（彭 西）

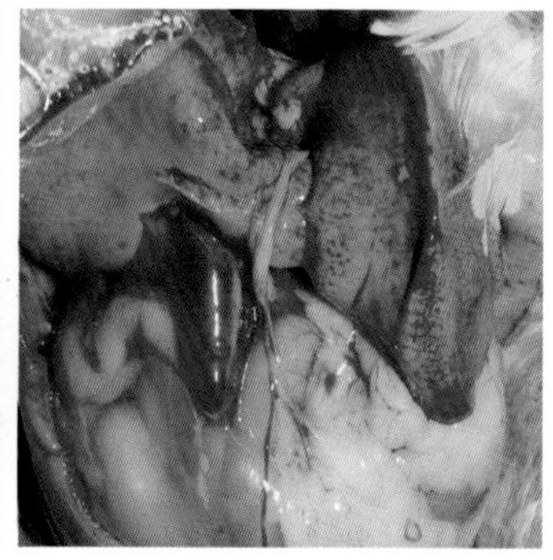

黄曲霉毒素中毒肉鸡的肝脏胆囊肿大，胆汁颜色变浅（彭 西）

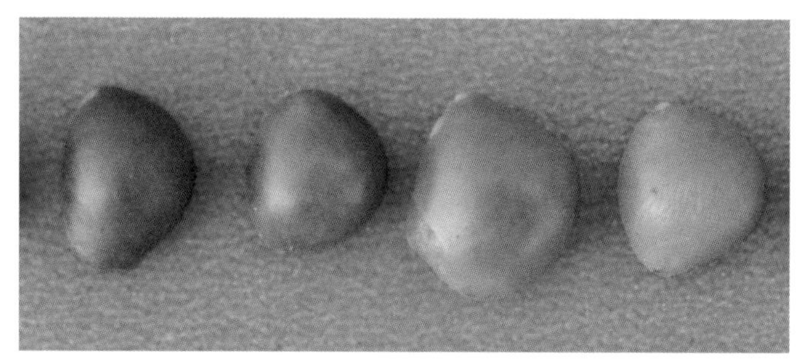

与对照脾脏（左一）比较，霉菌中毒鸡的脾脏肿大，色变浅（彭 西）

7 第七章　垫料和粪污的处理

第一节　垫料和粪便的处理

一、使用后垫料的组成

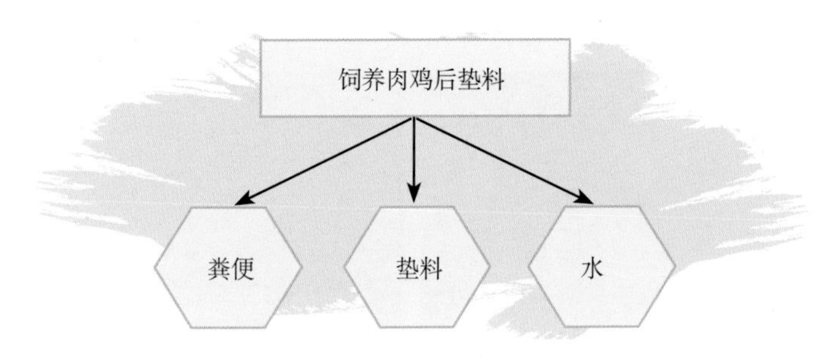

二、垫料和粪便的处理方式

垫料和粪便处理方式

- 直接收集后撒播到田间或牧场
  注意：含有家禽尸体或者家禽杂碎的垫料不能直接施投在田间，避免传染病或肉毒梭菌传播
- 简单堆肥：2周后达均匀分解、腐熟
- 发酵处理：接种特定微生物菌群，通过发酵后制作生物肥料，可杀灭有害微生物

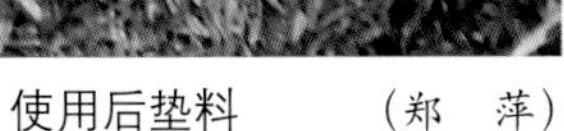

使用后垫料　（郑　萍）

刮粪板集粪

三、生物肥料的生产

● 垫料、粪便和锯末、谷壳等混合均匀，接种微生物菌液

（张克英）

● 用机械将配合的粪便等均匀布入发酵槽中

槽宽4 ～ 6米，槽深为1 ～ 1.2米，堆体高度以80厘米为宜，长度50米以上为宜

（张克英）

● 人工抚平进行发酵

（张克英）

● 翻肥

机械翻肥 （张克英）

机械自动翻肥 （张克英）

● 生产完成

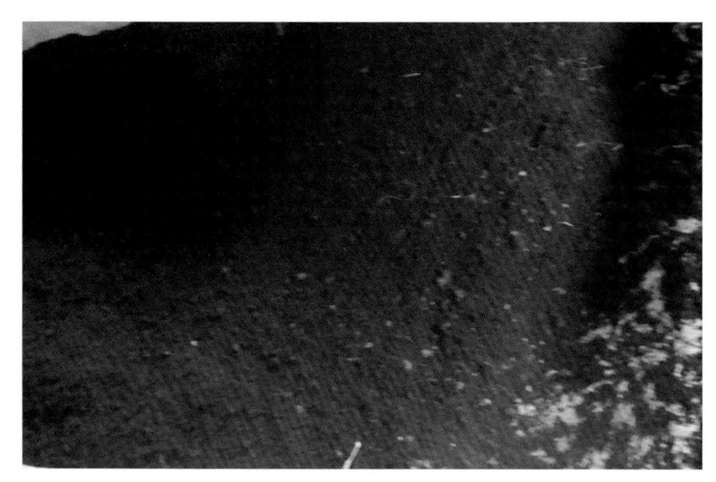

发酵生产的生物肥料，可打包运输　　（张克英）

第二节　病死鸡的处理

鸡只死亡一是由病原体引起，二是由机械性伤残、中暑等引起。病死鸡必须进行无害化处理，以防止可能存在的病原微生物传染。病死鸡处理方式有蒸煮、焚烧、深埋和腐尸坑处理等。

杀灭病原最可靠的方法

修建焚烧炉对病死鸡进行处理　　（黄　勇）

第八章　肉鸡场经营管理

第一节　生产管理

一、计划管理

规模养鸡场生产计划

计划类型	计划内容
鸡群周转计划	➢ 确定鸡群饲养期：商品肉用仔鸡0～6周，优质肉鸡0～15周，肉用种鸡24～64周 ➢ 确定周转模式：同一鸡舍“全进全出” ➢ 鸡苗数按公、母鉴别准确率98%，雏鸡育雏成活率95%，育成鸡成活率98%计算
产量计划	日期、产品名称、产品数据、单价、总值、接货单位、时间、运输、包装方式、联系人、实发结果
物资供应计划	➢ 制定饲料、疫苗、药品供应计划 ➢ 制定其他产品供应计划：劳保用品、灯泡等易耗品、工具、机械维修备件等的品种、数量、来源
财务收支	经费来源、支出、回收等计划

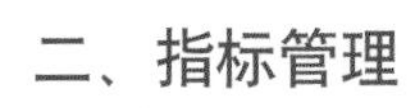

二、指标管理

三、信息化管理

● **实时监控**　在养鸡场或每栋舍分别安装摄像头，可实时监控鸡生长及饲养管理情况。

实时监控　　　　　　　　　（尹华东）

● **计算机管理相关信息资料**　将养殖场各批种鸡、肉鸡每天的生产性能数据及时录入计算机，并进行分析总结。

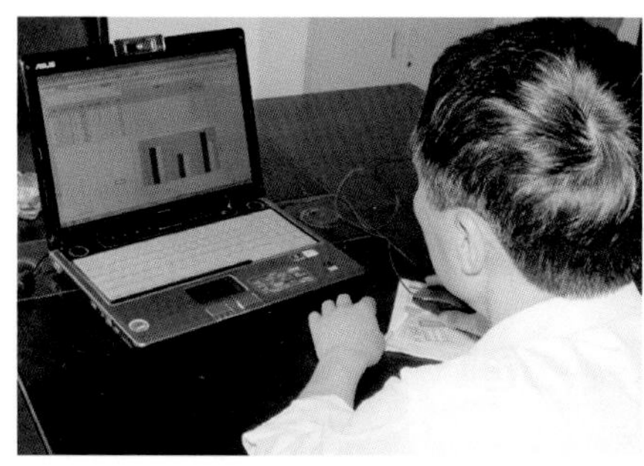

（朱　庆）

第二节　经营管理

一、组织结构

由于经营方向、方式与规模不同，鸡场的机构部门设置和人员编制不同，但基本内容相似。

精简高效的生产组织：行政、生产技术、供销财务和生产车间。

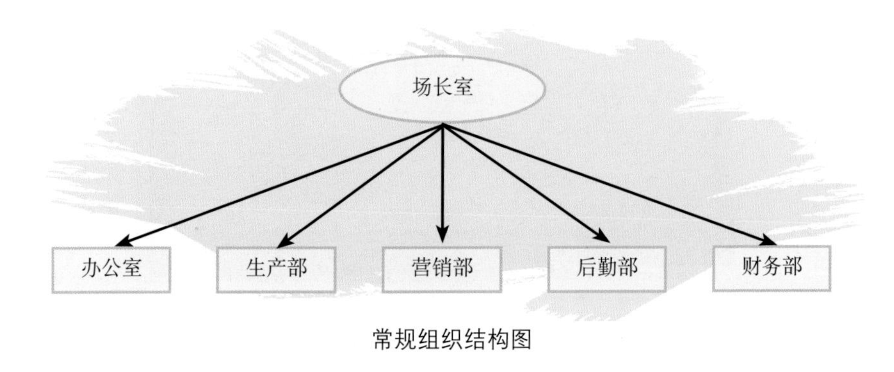

常规组织结构图

二、岗位职责

明确每个人员的岗位责任，即每天该干什么、什么时间做、做到什么程度、达到什么标准。根据岗位责任规定的任务指标进行检查、业绩考核和奖惩。

三、人员配置

场长、生产主管、兽医、饲养员、清洁工、机修人员、仓库管理人员、保安、会计、出纳等。

四、财务管理

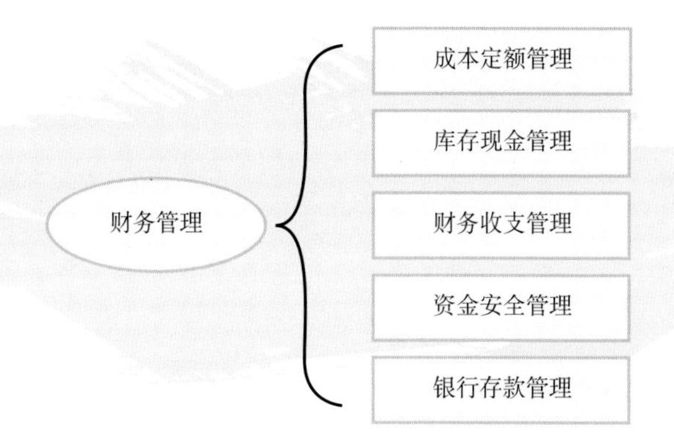

附录　肉鸡标准化示范场验收评分标准

<table>
<tr><td colspan="3">申请验收单位：</td><td colspan="3">验收时间：　年　月　日</td></tr>
<tr><td rowspan="4">必备条件（任一项不符合不得验收）</td><td colspan="3">1.场址不得位于《中华人民共和国畜牧法》明令禁止区域，并符合相关法律法规及区域内土地使用规划</td><td colspan="2" rowspan="4">可以验收□
不予验收□</td></tr>
<tr><td colspan="3">2.具备县级以上畜牧兽医部门颁发的《动物防疫条件合格证》，两年内无重大疫病和产品质量安全事件发生</td></tr>
<tr><td colspan="3">3.具有县级以上畜牧兽医行政主管部门备案登记证明；按照农业部《畜禽标识和养殖档案管理办法》要求，建立养殖档案</td></tr>
<tr><td colspan="3">4.单栋饲养量5 000只以上，年出栏量10万只以上</td></tr>
<tr><td>项目</td><td>验收内容</td><td>评分标准及分值</td><td>满分</td><td>得分</td><td>扣分原因</td></tr>
<tr><td rowspan="9">（一）选址和布局（20分）</td><td rowspan="2">1.选址（5分）</td><td>距离生活饮用水源地、居民区和主要交通干线、其他畜禽养殖场及畜禽屠宰加工、交易场所500米以上，得3分，否则不得分</td><td>3</td><td></td><td></td></tr>
<tr><td>地势高燥，背风向阳，通风良好，远离噪声，得2分，否则不得分</td><td>2</td><td></td><td></td></tr>
<tr><td rowspan="3">2.基础条件（5分）</td><td>有稳定水源及电力供应，得1分；有水质检验报告，得1分</td><td>2</td><td></td><td></td></tr>
<tr><td>交通便利，场区主要路面硬化，得2分；部分道路硬化得1分</td><td>2</td><td></td><td></td></tr>
<tr><td>养殖场周围有防疫隔离措施，并有明显的防疫标志，得1分；起不到防疫隔离效果的不得分</td><td>1</td><td></td><td></td></tr>
<tr><td>3.场区布局（4分）</td><td>生产区、生活区、辅助生产区、废污处理区分开，且布局合理。粪便污水处理设施和尸体焚烧炉处于生产区、生活区的常年主导风向的下风向或侧风向处。存在不合理的地方，每处扣1分，扣完为止</td><td>4</td><td></td><td></td></tr>
<tr><td>4.净道与污道（2分）</td><td>净道、污道严格分开，未区分，或在场内有交叉，不得分</td><td>2</td><td></td><td></td></tr>
<tr><td>5.饲养工艺（4分）</td><td>采取按区全进全出模式，得2分，采取按栋全进全出模式，得1分；饲养单一品种得2分，饲养2种及以上品种得1分。不同品种同栋混养此项不得分</td><td>4</td><td></td><td></td></tr>
</table>

（续）

项目	验收内容	评分标准及分值	满分	得分	扣分原因
（二）生产设施（30）	1.鸡舍建筑（5分）	鸡舍建筑牢固，能够保温，结构抗自然灾害（雨雪等）的能力；封闭式、半封闭式得3分，开放式得1分，简易鸡舍不得分	3		
		具有完善的防鼠、防鸟等设施设备，得2分，不完善的，得1分；鸡舍内发现其他动物，不得分	2		
	2.饲养密度（2分）	饲养密度合理，符合所养殖品种的要求，白鸡出栏体重25～30千克/米^2，快速型黄鸡20～25千克/米^2，其他品种符合本品种要求。符合得分，不符合不得分	2		
	3.消毒设施（8分）	场区门口设有消毒池，得2分，没有不得分	2		
		鸡舍门口设有消毒盆，得2分；除空舍外，没有或缺少不得分	2		
		场区内备有消毒泵，得2分，没有不得分	2		
		养鸡场人员入口处有更衣消毒室(含衣柜)、淋浴洗澡室、换衣室(含衣柜)，得2分，有缺少的扣0.5～1分	2		
	4.饲养设备（10分）	有鸡舍通风以及水帘等降温设备，得2分；部分安装扣1～2分、通风不合理不得分	2		
		有储料罐或储料库，得2分；条件简陋得1分，没有不得分	2		
		鸡舍配备光照系统，得2分；没有不得分	2		
		鸡舍配备自动饮水系统，没有或混用不得分	2		
		鸡舍配备自动加料系统，得2分，不全扣1～2分	2		
	5.辅助设施（5分）	有专门的解剖室和必要的解剖设备，并有运输病死鸡的密闭设备；没有固定的解剖室不得分，无解剖设备扣2分，无密闭设备扣1分	3		
		药品储备室有必要的药品、疫苗储藏设备。有违禁药品不得分，无固定药品储备室不得分，无疫苗储藏设备不得分，药品随意堆放扣1分	2		

（续）

项目	验收内容	评分标准及分值	满分	得分	扣分原因
（三）管理及防疫（30分）	1.制度建设（3分）	有生产管理、防疫消毒、投入品管理、人员管理等各项制度，并上墙，得3分；未上墙扣2分，缺1项扣1分，扣完为止	3		
	2.操作规程（5分）	饲养管理操作技术规程合理，并执行良好，得3分；有不合理之处，每处扣1分，扣完为止	3		
		免疫程序合理，并执行良好；不合理或未严格执行，扣2分	2		
	3.档案管理（16分）	2年内，或建场以来的饲养品种、来源、数量、日龄等情况记录完整，有但不全，扣1～2分	2		
		2年内，或建场以来的饲料、饲料添加剂、兽药等来源与使用记录清楚，有但不全，扣2～3分	3		
		2年内，或建场以来的免疫、消毒、发病、诊疗、死亡鸡无害化处理记录，有但不全，扣2～4分	4		
		2年内，或建场以来的完整的生产记录，包括日死淘、饲料消耗等，有但不全，扣2～4分	4		
		2年内，或建场以来的出栏记录，包括数量和去处，有但不全，扣1～3分	3		
	4.从业人员（2分）	有1名以上经过畜牧兽医专业知识培训的技术人员，持证上岗，得2分，否则不得分	2		
	5.引种来源（4分）	所饲养的肉鸡均从有《种畜禽生产经营许可证》的合格种鸡场引种，得3分，否则不得分；进鸡时的《种畜禽生产经营许可证》复印件、《动物检疫合格证》和《车辆消毒证明》保留完好，得1分	4		
（四）环保要求（12分）	1.粪污处理（5分）	有固定的鸡粪储存场所和设施，储粪场有防雨、防渗漏、防溢流措施。设施不全的扣2～3分	3		
		有鸡粪发酵或其他处理设施，或采用农牧结合良性循环措施。有不足之处扣1～2分	2		
	2.病死鸡无害化处理（5分）	配备焚尸炉或化尸炉等病死鸡无害化处理设施，得3分	3		
		有病死鸡无害化处理使用记录，得2分	2		
	3.环境卫生（2分）	垃圾集中堆放处理，位置合理，场区无杂物堆放，无死禽、鸡毛等污染物，得2分	2		

（续）

项目	验收内容	评分标准及分值	满分	得分	扣分原因
（五）生产水平（8分）	1.成活率	最近3批平均数≥95%得4分，每降低1个百分点扣1分，扣完为止	4		
	2.饲料转化率（料肉比）	最近3批平均数： 白鸡：≤2.0，得4分，每提高0.05，扣1分，扣完为止； 快大黄鸡（60天内出栏）：≤2.2，得4分，每提高0.1，扣1分，扣完为止； 中速黄鸡(61～90天内出栏)：≤2.6，得4分，每提高0.1，扣1分，扣完为止	4		
合计得分			100		

注：①分阶为0.5分。②饲养密度：是指每平方米有效饲养面积所承载的最终出栏体重。所述指标为常规值，供参考。如设备性能优越，管理水平高，饲养密度可以适当提高，反则应适度降低。饲养周期较长的鸡，亦应适度降低饲养密度。白鸡：25～30千克/米^2；快大黄鸡：20～25千克/米^2。③生产水平的考核应以最近（1年内）连续3批出栏鸡的平均数为准，如果生产记录不全或饲养批数不足，此项不得分。④饲料转化率（料肉比）指标中的出栏天数是指所饲养品种规定的正常出栏天数。

验收专家签字：

参 考 文 献

崔恒敏,2011. 动物营养代谢疾病诊断病理学[M]. 北京:中国农业出版社.

甘孟侯,2000. 中国禽病学[M]. 北京:中国农业出版社.

黄仁录,李魏,2003. 肉鸡标准化生产技术[M]. 北京:中国农业大学出版社.

李良德,白斌,2010. 不同输精方法对鸡种蛋受精率的影响[J]. 家禽科学(10):39-40.

李湛,2010. 公鸡精液品质的鉴定及注意事项[J]. 今日畜牧兽医(11):38.

邱祥聘,1991. 家禽学[M]. 成都:四川科学技术出版社.

单永利,黄仁录,2001. 现代肉鸡生产手册[M]. 北京:中国农业出版社.

谭千洪,张兆旺,范首君,等,2011. 提高种公鸡繁殖性能的技术措施[J]. 中国家禽(1):51-52.

王常康,2004. 现代养鸡技术与经营管理[M]. 北京:中国农业出版社.

王成章,王恬,2003. 饲料学[M]. 北京:中国农业出版社.

王庆民,宁中华,2008. 家禽孵化与雏禽雌雄鉴别[M]. 北京:金盾出版社.

王新华,2008. 鸡病诊疗原色图谱[M]. 北京:中国农业出版社.

夏东,2008. 规模养禽技术[M]. 北京:中国农业出版社.

杨慧芳,2006. 养禽与禽病防治[M]. 北京:中国农业出版社.

杨宁,2002. 家禽生产学[M]. 北京:中国农业出版社.

杨全明,1999. 肉鸡生产手册[M]. 北京:中国农业大学出版社.

杨山,1994. 家禽生产[M]. 北京:中国农业出版社.

袁树成,2005 . 鸡场选址、鸡舍建筑与相关设施[J]. 中国家禽(16):54-55.

岳华,汤承,2002. 禽病临床诊断彩色图谱[M]. 成都:四川科学技术出版社.

NY/T 1566—2007. 标准化肉鸡养殖场建设规范[S].